高职高专机电类专业“十二五”规划教材

数控机床实训

祝战科　主编

西安电子科技大学出版社

内容简介

本书是为适应国家示范性建设专业发展需要而编写的。书中设计了七个相对独立又有机联系的实训项目，每个实训项目又分为几个不同的工作任务。按照基于工作过程系统化的思路，每个任务和所选的载体按照“由简单到复杂”的认知规律组织教学内容，按照工作过程设计教学环节。本书通过对数控车削、数控铣削、数控加工中心实训内容的介绍，将数控编程的基本理论、数控机床的结构、数控加工工艺实施、零件加工中的质量分析及数控刀具的选用知识有机地融为一体，并使“教、学、做”紧密结合。通过学习本书，读者能够熟练掌握数控加工程序编制的原则与方法、机械产品质量检测的基本方法、零件加工误差产生的原因及保证加工精度的措施、切削参数对零件质量的影响及保证零件表面加工质量的措施、数控车床和铣床等机床中复杂零件的操作与编程方法以及刀具的选用方法，同时能够熟悉零部件质量的检查、分析、评估和资料归档。

本书适合作为高等职业技术院校数控技术、机械制造及自动化、模具设计与制造、机电一体化等机械类专业的教材，也可作为职工培训用书，还可供有关工程技术人员参考。

图书在版编目(CIP)数据

数控机床实训/祝战科主编. —西安：西安电子科技大学出版社，2013.2(2014.11 重印)
高职高专机电类专业“十二五”规划教材
ISBN 978 - 7 - 5606 - 2968 - 1

Ⅰ. ① 数…　Ⅱ. ① 祝…　Ⅲ. ① 数控机床—高等职业教育—教材
Ⅳ. ①TG659

中国版本图书馆 CIP 数据核字(2013)第 016818 号

策划编辑　云立实
责任编辑　雷鸿俊　云立实
出版发行　西安电子科技大学出版社(西安市太白南路 2 号)
电　　话　(029)88242885　88201467　　邮　　编　710071
网　　址　www.xduph.com　　电子邮箱　xdupfxb001@163.com
经　　销　新华书店
印刷单位　虎彩印艺股份有限公司
版　　次　2013 年 2 月第 1 版　2014 年 11 月第 2 次印刷
开　　本　787 毫米×1092 毫米　1/16　印张　12.5
字　　数　294 千字
印　　数　3001～6000 册
定　　价　19.00 元
ISBN 978 - 7 - 5606 - 2968 - 1/TG
XDUP **326000 1 - 2**

前　　言

为了适应高等职业技术教育教学改革的要求和国家示范性建设专业发展的需要，特组织相关教师编写了本书。本书从培养学生综合职业能力与学生工艺实施的生产实际出发，以数控加工实训为主线，将数控机床操作与编程、数控加工工艺、数控机床结构、数控加工刀具等内容有机地结合起来，打破了原有的学科体系，形成了新的教学内容体系，注重学生综合工程实践应用能力的培养。

本书在编写中结合了几年来高职院校教学改革的经验，力求反映新技术、新工艺，面向生产实际，突出应用性，实现易教易学的高职教材特色。同时，强调素质教育和以能力为本的教育理念。本书紧紧围绕毕业生面向工业企业从事数控加工工艺规程及工艺装备的设计与实施，产品质量分析与控制，数控加工设备的安装、调试、编程操作、更新改造和生产技术管理等工作这一培养目标，面对现实，追求实效，通俗易懂，简单实用。

本书适合作为高等职业技术院校数控技术、机械设计制造及自动化、模具设计与制造、机电一体化等机械类专业的教材，也可作为职工培训用书，还可供有关工程技术人员参考。

本书由陕西工业职业技术学院祝战科主编。在本书的编写过程中，王彦宏老师提供了大力帮助，赵和平、郑龙、李晨三位老师做了许多工作，陕西工业职业技术学院各级领导、老师和其他兄弟院校的同行也给予了大力支持，编者在此向他们表示衷心的感谢！

由于本书改革力度比较大，加之时间仓促及编者水平有限，书中难免有欠妥之处，敬请各位读者批评指正。

编　者

2012年10月

目　录

实训项目一　数控车床面板操作与程序编写

实训项目一以 SSCK20A 数控车床(配 FANUC 0i Mate－TB 数控系统)为载体，通过三个任务的实训，要求掌握数控车床面板上各按键的名称、用途和机床基本操作，以及数控车床程序的编辑方法和数控车床的对刀方法。

【学习目标】

知识目标：

(1) 了解数控车床的结构、组成及分类。

(2) 理解数控车床 G 代码的功能。

(3) 了解数控车床的加工过程。

技能目标：

(1) 通过数控车床面板操作，能正确启停机床。

(2) 通过数控车床面板操作，能采用手动、MDI 方式进行移动机床、换刀等基本操作。

(3) 通过数控车床手工编程操作，能新建加工程序，并进行插入、删除、修改、替换等编辑工作。

(4) 通过数控车床面板操作，能对加工程序进行图形模拟，判断其正确与否。

(5) 通过数控车床面板操作，能进行手工试切对刀。

【工作任务】

任务一　数控车床基本操作训练。

任务二　数控车床程序编写训练。

任务三　数控车床工件坐标系的建立。

任务一　数控车床基本操作训练

【目的要求】

(1) 能够正确启动和停止数控车床。

(2) 初步熟悉车床操作面板和 MDI 面板。

(3) 熟悉数控车床的安全操作规程。

【任务内容】

(1) 数控车床电源的接通与断开。

(2) 数控车床工作方式的选择。

(3) 数据车床 MDI 面板的使用。

【任务实施】

1. 数控车床电源的接通与断开

1) 接通电源

(1) 在车床电源接通之前，检查电源柜内的空气开关是否全部接通，将电源柜门关好后，按下“急停”按键(减少上电对系统的冲击)，方能打开机床上的“电源转换”开关。

(2) 机床上电后自检，此过程中不要按压面板上的任何键。自检完成后出现位置画面，并有报警信息出现。

(3) 松开“急停”按键，然后按下机床上的“准备”按钮使机床伺服上电(有些机床面板上还有“电源”开关需要按压)。

(4) 当 CRT 屏幕上的报警信息解除时，等待 20 s 后即可开始工作。

2) 断开电源

(1) 当自动工作循环结束时，自动循环按键“CYCLE START”的指示灯熄灭。

(2) 检查机床运动部件是否都已停止运动。

(3) 如果有外部的输入/输出设备连接到机床上，请先关掉外部输入/输出设备的电源。

(4) 切断电源柜上的“电源转换”开关。

2. SSCK20A 数控车床机床操作面板介绍

1) 七种工作方式

(1) EDIT(编辑方式)：可以进行程序的输入、修改、删除等编辑工作。

(2) AUTO(自动方式)：可以执行存储器中的当前程序。

(3) MDI(手动数据输入)：可以进行数据输入，或运行 10 行以内的程序段，但程序不保留。

(4) HANDLE(手摇方式)：可以用“手摇脉冲发生器”手动使工作台沿 X、Z 轴移动，每次只能操纵一个轴移动。通过 AXIS SELECT(轴选择开关) 可选择所操纵的轴。

通过×1、×10、×100、×1000 四个进给增量按键开关来选择手摇脉冲发生器每格对应工作台的进给量。

(5) JOG(点动方式)：进行手动连续进给，运动速度由进给倍率开关调整。

(6) ZERO(回零方式)：用于机床手动返回参考点。

(7) STEP(步进方式)：按一次方向键，机床移动固定距离。方向键是+X、-X、+Z、-Z 四个键，移动距离由×1、×10、×100、×1000四个按键开关确定。

2) 常用按键及开关

(1) E-STOP 为急停按键，当机床运行出现不正常时，按动它即可立即使数控系统报警，伺服电动机断电，机床停止工作。

(2) RESET 为复位按键，用来使数控系统复位。

(3) PROGRAM RROTECT 为程序保护开关，能保护存储器内的程序不被修改、删除等。

(4) MLK 为机床锁住开关，可使移动轴锁住不动，但程序可正常运行。

(5) CYCLE START 为循环启动按键，带指示灯，用来启动所需运行程序。

(6) FEED HOLD 为进给保持按键，带指示灯，在自动循环时按下此按键，机床将减速停止。按循环启动按键可继续执行加工。

(7) SBK 为单程序段开关，在自动运行程序时，可使程序单段运行。在该方式下，每按一次循环启动按键，程序只运行一个程序段即停止。

(8) BDT 为跳步开关，它与“/”键配合使用，可使系统运行时跳过带“/”的程序段。

(9) DRUN 为空(试)运行开关，多用于程序检查，可使程序不按编程速度运行，而是以快速运行速度运行。快速运行速度受“快速倍率”开关控制。

3) CRT 字符显示器

POS 显示现在机床的位置，通过页面按键可转换为相对坐标、绝对坐标及总和坐标。

3. 机床运动方式

1) 手动移动机床

手动移动机床包括手动连续进给、手轮移动和增量进给三种操作方式。

(1) 手动连续进给(JOG 进给)：选择点动方式，按压＋X、－X、＋Z、－Z 键，可以实现机床的连续移动。其速率由倍率开关控制(手动速率与自动倍率是一个开关)。

(2) 手轮移动：选择手摇方式，扳动轴选择开关，可以用手轮移动机床。其速度受×1、×10、×100、×1000 四挡倍率控制。

(3) 增量进给：选择步进方式，可以实现机床手动固定量进给。其进给量受×1、×10、×100、×1000 四挡倍率控制。

2) 自动移动机床

自动移动机床包括 MDI 运行和存储器运行两种操作方式。

(1) MDI 运行：选择 MDI 方式，按 PROG 功能键，自动进入程序号 O0000。输入运行单个或几个程序段(10 行以内)。执行时将光标移到开头(也可以从中间开始)，按循环启动键开始执行。执行到 M30 时，程序自动删除，运行结束。

(2) 存储器运行(自动运行)：选择自动方式，从存储的程序中选择一个程序，按循环启动键，开始执行。循环启动灯点亮。按进给保持键暂停，按复位键终止。

DNC 方式是自动运行方式的一种，同时按下“自动”和“DNC”按键，可以实现外部计算机对机床的同步控制，即直接运行外部计算机中的程序。

4. MDI 键盘说明

图 1-1 为 FANUC 0i Mate-TB 系统的 MDI 键盘布局示意图。

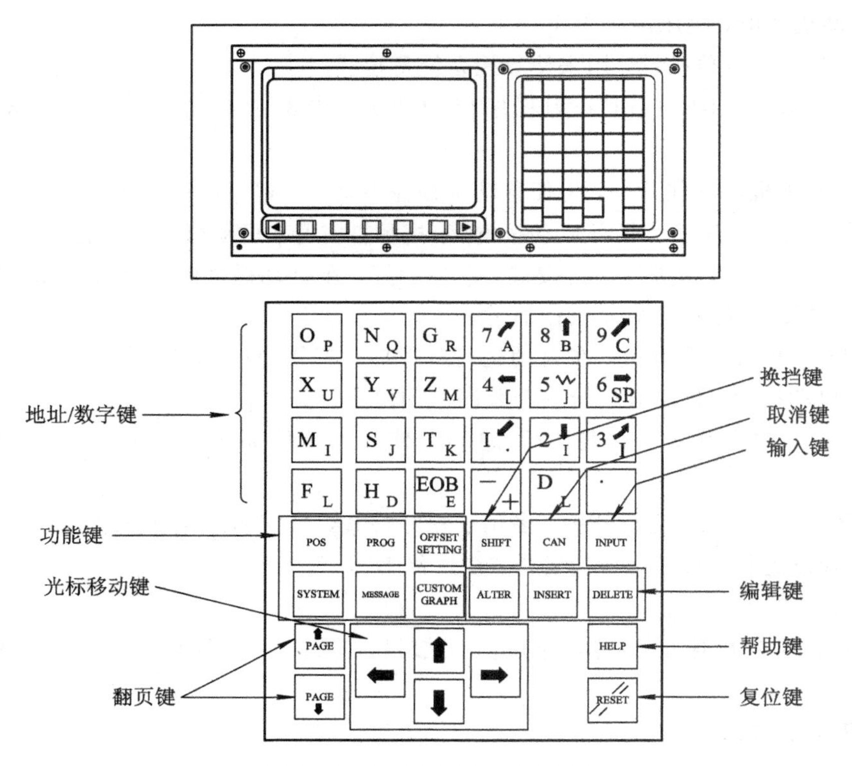

图 1-1　MDI 键盘布局示意图

1）键盘说明

MDI 键盘上各键的名称和功能说明如表 1-1 所示。

表 1-1　MDI 键盘说明

序　号	名　称	说　明
1	复位键 RESET	按此键可使 CNC(数控机床)复位，用以消除报警等
2	帮助键 HELP	按此键用来显示如何操作机床，如 MDI 等的操作，可在 CNC 发生报警时提供报警的详细信息(帮助功能)
3	软键	根据其使用场合，软键各有功能。软键功能显示在 CRT 的底部
4	地址和数字键 N Q　4 […	按这些键可输入字母、数字以及其他字符
5	换挡键 SHIFT	在有些键的顶部有两个字符，按“SHIFT”键来选择字符。当在屏幕上显示一个特殊字符“E”时，表示键面右下角的字符都可以输入

续表

序　号	名　称	说　明
6	输入键 INPUT	当按了地址键或数字键后，数据被输入到缓冲器，并在CRT屏幕上显示出来。为了把键入到输入缓冲器中的数据拷贝到寄存器，可按“INPUT”键，这个键相当于软键的“INPUT”键，按这两个键的结果是一样的
7	取消键 CAN	按此键可删除已输入到输入缓冲器的最后一个字符或符号当显示键入缓冲器数据为 >N001×100Z 时按CAN键，则字符Z被取消，并显示： >N001×100
8	程序编辑键 ALTER INSERT DELETE	编辑程序时按这些键 ALTER：替换 INSERT：插入 DELETE：删除
9	功能键 POS PROG	按这些键用于切换各种功能显示画面。功能键的详细说明请见下文
10	光标移动键 ← ↑ ↓ →	这是四个不同的光标移动键 →：用于将光标朝右或前进方向移动。在前进方向光标按一段短的单位移动 ←：用于将光标朝左或倒退方向移动。在倒退方向光标按一段短的单位移动 ↓：用于将光标朝下或前进方向移动。在前进方向光标按一段大尺寸单位移动 ↑：用于将光标朝上或前进方向移动。在前进方向光标按一段大尺寸单位移动
11	翻页键 PAGE↑ PAGE↓	PAGE↓：用于在屏幕上朝前翻一页 PAGE↑：用于在屏幕上朝后翻一页

【小贴士】 CNC和PMC(机床可编程控制器)的参数都是机床厂家设置的，通常不需要修改。当必须修改参数时，请询问老师并确保改动参数之前对参数的功能有深入全面的了解。如果不能对参数进行正确的设置，机床有可能发生误动作，从而引起工件或机床本

身的损坏，甚至伤及操作者。

2）功能键和软键

功能键用于选择显示的屏幕（功能画面）类型。按功能键之后，再按软键（节选择软键），与已选功能相对应的屏幕（画面）就被选中（显示）。功能键和软键分布如图 1－2 所示。

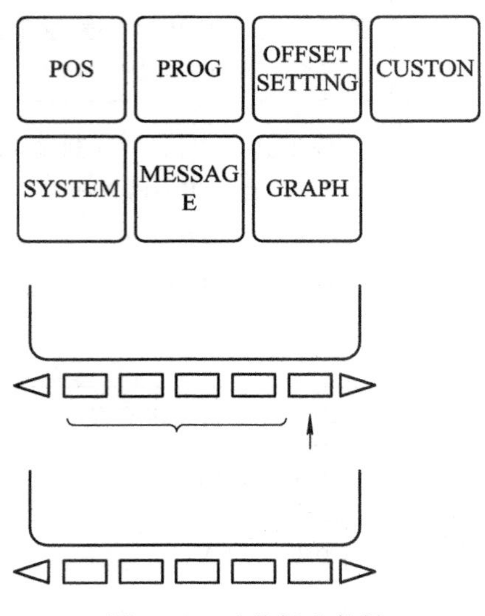

图 1－2　功能键和软键

在 MDI 面板上按功能键，属于选择功能的章选择软键将出现。按其中一个章选择软键，与所选的章相对应的画面将出现。

如果目标章的软键未显示，则按下一个菜单键。当目标章画面显示时，按操作选择键显示被处理的数据。

为了重新显示章选择软键，可按返回菜单键。

各功能键的说明如下：

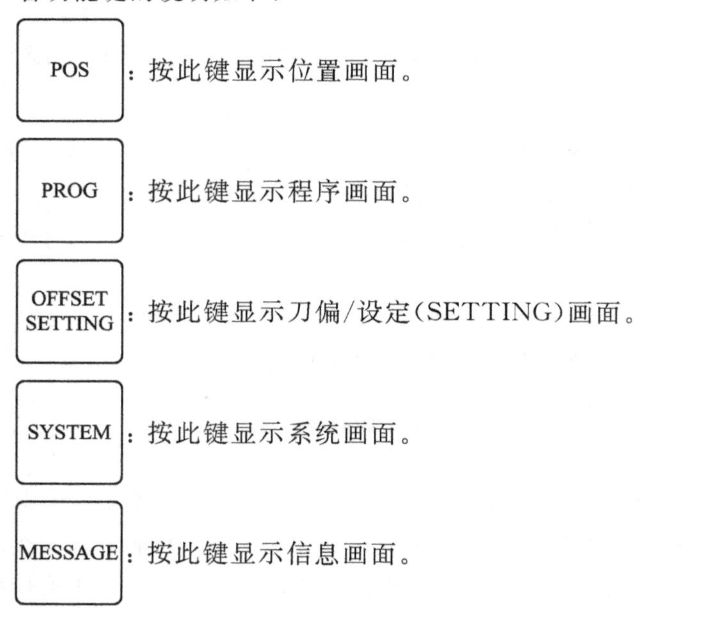

POS：按此键显示位置画面。

PROG：按此键显示程序画面。

OFFSET SETTING：按此键显示刀偏/设定（SETTING）画面。

SYSTEM：按此键显示系统画面。

MESSAGE：按此键显示信息画面。

GRAPH：按此键显示图形画面。

CUSTOM：按此键显示用户宏画面(会话式宏画面)。

在每一个功能键下都会有不同的软键画面，按压不同的软键会有不同的画面，这里不再一一说明。图 1－3 所示为功能键操作示意图。

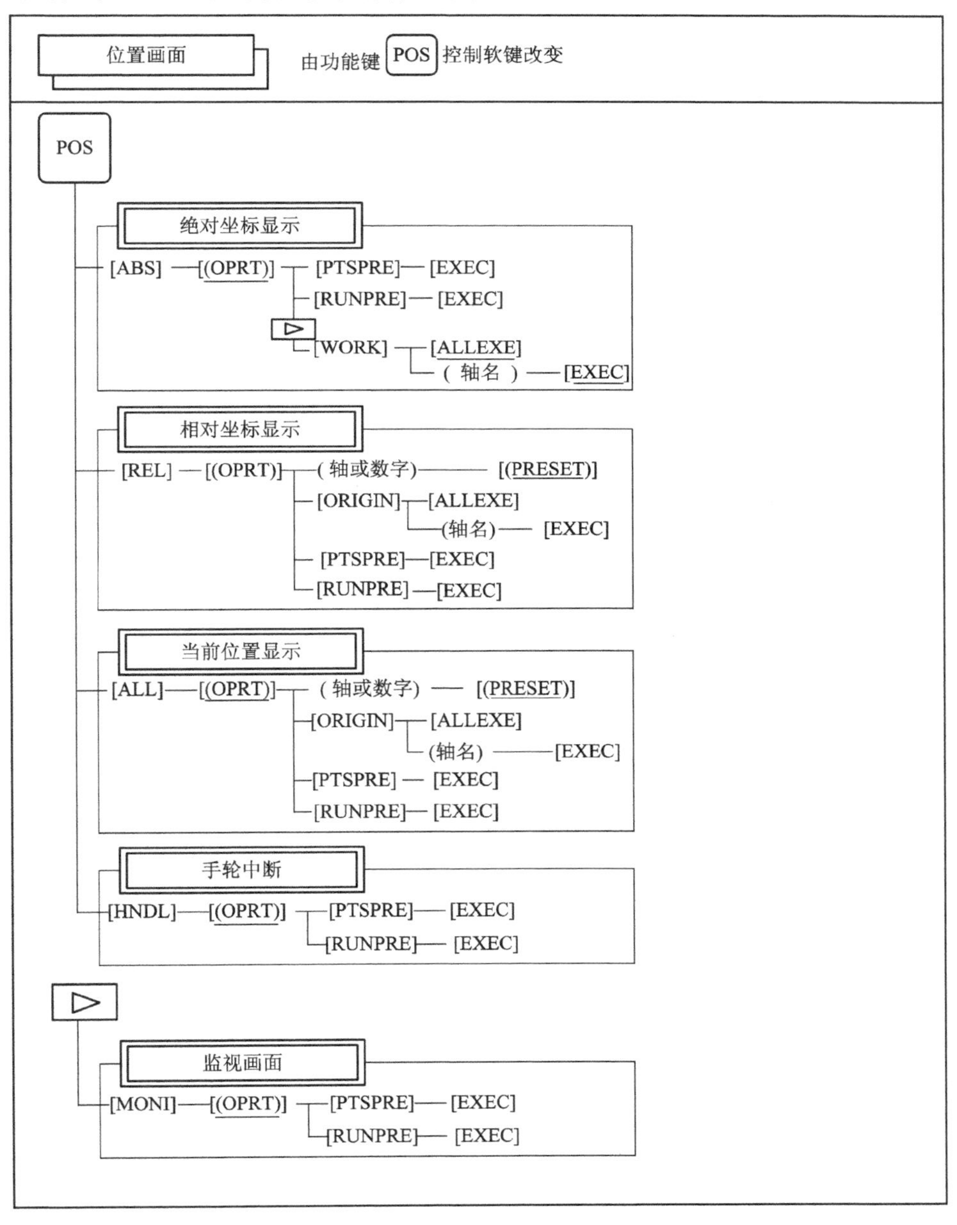

图 1－3　功能键操作示意图

任务二　数控车床程序编写训练

【目的要求】

（1）掌握数控车床程序的编写方法。

（2）熟练应用面板进行程序的输入、修改、删除等编写工作。

【任务内容】

（1）用 G01、G02、G03 等基本加工指令编写图 1-4 的精加工程序。

（2）将程序送入系统并进行编辑修改。

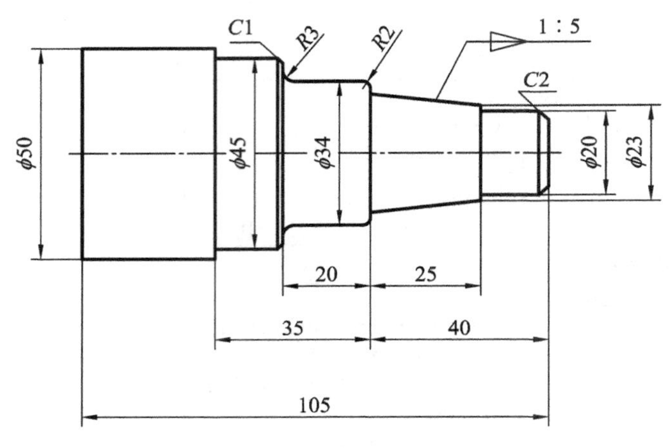

图 1-4　编程训练图

【任务实施】

1. 程序存入存储器的方法

将程序存入存储器是指将编制好的加工程序输入到数控系统中，以实现机床对工件的自动加工。程序的输入方法有两种：一种是通过 MDI 键盘输入(多为手工编程)；另一种是通过微机 RS232 接口，由微机传送到机床数控系统的存储器中(多为自动编程)。

2. MDI 键盘输入步骤

（1）把方式选择开关置于“EDIT”方式。

（2）选择功能键“PROG”。

（3）用键输入地址 O 及要存储的程序号。

（4）按“INSERT”键，此时程序号被存入。

（5）用键输入地址及数字并按“INSERT”键。

（6）当本程序段结束时，用键“EOB”输入结束号(;)，然后按“INSERT”键。反复进行(5)、(6)步就可实现将整个程序存入存储器。

程序输入过程中，可以进行更改、删除、插入等简单的操作。

(1) 更改：将光标移到更改的字下面，用键输入正确的字后按“ALTER”键。

(2) 删除：在未存入存储器之前按“CAN”键消除；当存入存储器后可将光标移到需删除字的下面，然后按“DELETE”键。

(3) 插入：将光标移到插入位置，用键输入正确的字后按“INSERT”键。

3. 程序检索

(1) 选择“EDIT”方式。

(2) 选择功能键“PROG”。

(3) 用键输入地址 O 及程序号。

(4) 按“O”(检索)软键。

结束时在 CRT 的画面上显示已检索的程序。

4. 顺序号的检索

(1) 选择“EDIT”方式。

(2) 选择功能键“PROG”。

(3) 用键输入地址 N 及顺序号。

(4) 按光标↓(或↑)键。

5. 参考加工程序

```
O0001;
N10 G54 G99 G97 G00 X100 Z100;
N20 T0101 M03 S600;
N30 X12 Z1;
N40 G01 X20 Z-2 F0.15;
N50 Z-15;
N60 X23;
N70 X28 W-25;
N80 X30;
N90 G03 X34 W-2 R2;
N100 G01 W-15;
N110 G02 X40 W-3 R3;
N120 G01 X52;
N130 X54 W-1;
N140 Z-75;
N150 X51;
N160 G00 X100 Z100;
N170 M05;
N180 M30;
```

任务三　数控车床工件坐标系的建立

【目的要求】

(1) 掌握用试切法建立工件坐标系的操作步骤(使用基准刀在 G54 工件坐标系下

建立)。

(2) 掌握多把刀具偏置补偿值的确定方法。

【任务内容】

(1) 在机床刀架上安装和调整刀具，并确定基准刀具。

(2) 安装和调整液压动力自定心三爪卡盘，并在主轴上夹持工件一件。

(3) 用试切法建立工件坐标系。

【任务实施】

1. 用试切法建立工件坐标系的操作步骤

(1) 将基准刀(精车刀)正确地安装到刀架上并调到工作位。注意：程序中调刀指令应与刀位号一致。

(2) 按功能键“OFFSET”，按软键“坐标系”将G54设定画面中的X、Z值清零；按“补正”将“形状”、“磨耗”中的值清零。然后进行“回零”操作。

(3) 确定工件坐标系原点($Z0$)的位置(也就是确定端面余量为多少)。

(4) 启动主轴，点动、手摇使刀具靠近工件，用刀尖沿工件端面车一刀(见光即可)，仅仅沿$+X$轴向退刀，停主轴，计算刀尖到工件原点的Z值β。按功能键“OFFSET”及软键“坐标系”，在工件坐标系设定画面中将光标移至G54的01组的Z，键入$Z\beta$并按“测量”软键，得到一个G54的Z值，重复键入$Z\beta$按“测量”软键，数据应该不变。这个G54的Z值比较大，不可能是负数。G54的Z值的含义是：当该刀刀尖到达工件坐标系的$Z0$时，机床坐标系中的Z值(没有自动“测量”功能的机床需手动输入)。

(5) 启动主轴，点动、手摇使刀具靠近工件，用刀尖沿工件外圆车一刀(见光即可)，仅仅沿+Z轴向退刀，停主轴，准确测量所车外径$X\alpha$。按功能键“OFFSET”及软键“坐标系”，在工件坐标系设定画面中将光标移至G54的01组的X，键入$X\alpha$。按“测量”软键，得到一个G54的X值，重复键入$X\alpha$，按“测量”软键。这个G54的X值可正可负，但绝对值不是很大。G54X值的含义是：当机床坐标到达G54的X值时，该刀刀尖到达工件坐标系的$X0$。G54X值的另外一个含义反映了该刀刀尖与工具孔轴线的X向距离。这样该刀在未被取下重装和严重磨损前，该刀的X向就不需再对刀。

注意： 建立工件坐标系后必须手动校验对刀的准确性。

2. 建立工件坐标系后手动校验对刀准确性的方法

(1) 进行“回零”操作。

(2) 在“MDI”方式下自动调刀。比如，编辑T0303，程序调用基准刀，则绝对坐标立刻变成T0303刀刀尖在工件坐标系中的坐标。启动主轴，将刀尖轻轻触及工件端面，如对刀时输入$Z0$测量，则绝对坐标值应为0，可能有±0.05的误差。将刀尖沿工件外径车一刀，仅仅沿$+Z$轴向退刀，准确测量工件外径，如29.8，则绝对坐标值X应为29.8，可能有±0.05的误差，这样对刀基本准确，可进行首件试切了。

工件坐标系建立简图如图1-5所示，其中工件坐标系为XOZ，机械坐标系为$X'OZ'$。

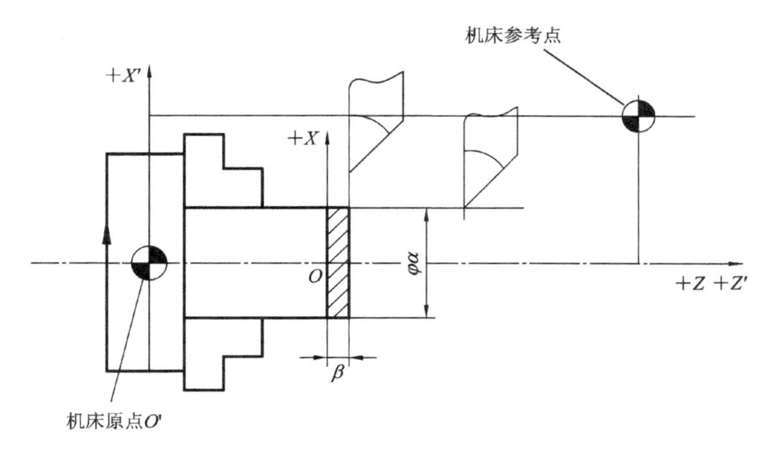

图 1-5　工件坐标系建立简图

3. 多把刀刀具偏置补偿值的确定

1）刀具几何形状补偿

编程时我们认为在工作位时各把刀刀尖与基准刀尖是在同一个点位的，从而简化了编程。但实际上，由于几何形状及安装的不同，各刀在工作位时其刀尖与基准刀尖不一定在一个点。这就需要通过对刀确定该刀尖与基准刀尖分别在 Z、X 方向位置的偏差值 ΔZ、ΔX，再通过 CNC 系统进行偏置补偿，使该刀刀尖在工作位时与基准刀尖在同一点位，这就是对刀的目的。这种补偿就叫做刀具几何形状补偿。

2）刀具磨耗补偿

每把刀在加工过程中都有不同程度的磨损，而磨损后的刀尖点位与编程位置存在差值。测量工件尺寸，根据磨耗量分别进行 Z、X 向的磨耗补偿，使磨损后的刀尖点位与编程点位重合，而不用改变程序，从而简化了编程。这种补偿叫做刀具磨耗补偿。同样，操作者可通过磨耗补偿控制加工工件的尺寸。

刀具的偏置补偿功能由程序中指定的 T 代码实现。如 T0202 的前两位为刀位号，后两位为刀具补偿号，刀具补偿号实际上是刀具补偿值寄存器的地址号。该寄存器中有刀具几何形状补偿量和磨耗补偿量。每个偏置量包括四个内容：X 轴偏置量、Z 轴偏置量、刀尖半径 R 及假想刀尖方向号。

首先，按功能键“OFFSET”→软键“补正”→“形状”，会出现工具补正/形状画面：

工具补正/形状

	X	Z	R	T
G01	--	--	--	--
G02	--	--	--	--

再按软键“磨耗”，会出现工具补正/磨耗画面：

工具补正/磨耗

	X	Z	R	T
W01	--	--	--	--
W02	--	--	--	--

注意： 程序中调用的偏置号，与输入偏置量的偏置号要一致，不能弄错。

相关知识

1.1 数控车床安全操作规程

数控车床是一种自动化程度高、结构复杂且昂贵的先进加工设备。它与普通车床相比具有加工精度高、加工灵活、通用性强、生产效率高、质量稳定等优点，特别适合加工多品种、中小批量、形状复杂的零件，在企业生产中有着至关重要的地位。

数控车床操作者除了应掌握好数控车床的性能并精心操作外，还要管好、用好和维护好数控车床，养成文明生产的良好工作习惯和严谨的工作作风，具有良好的职业素质和责任心，做到安全文明生产，严格遵守以下数控车床安全操作规程：

(1) 凡进入实训基地的同学必须按规定着装，头发过颈者必须带工作帽。不准穿高跟鞋、拖鞋进入实训基地。

(2) 进行实训的同学必须在指导老师的指导下，逐步掌握机床的操作与编程：熟悉机床使用说明书等有关资料，如主要技术参数、传动原理、主要结构、润滑部位及维护保养的一般知识；严格按机床和数控系统的要求，正确、合理地操作机床。

(3) 数控车床的开机、关机顺序，一定要按照机床说明书的规定操作。

(4) 在每次电源接通后，必须先完成各轴的返回参考点操作(回零)。然后再进入其他方式，以确保各轴坐标的正确性。

(5) 机床在正常运行时不许打开电器柜门。开始切削前一定要关好防护门。

(6) 加工程序必须经过严格检验方可进行操作运行。

(7) 手动对刀时，应注意选择合适的进给速度；手动换刀时，刀架距工件要有足够的转位距离，不至于发生碰撞。

(8) 输入工件坐标系，并对坐标、坐标值、正负号及小数点等进行认真核对。

(9) 无论是首次加工的零件，还是重复加工的零件，首件都必须对照图纸、工艺规程、加工程序和刀具调整卡进行试切。

(10) 试切时，快速进给倍率开关必须打到较低挡位。

(11) 试切和加工中，刃磨刀具和更换刀具后，要重新测量刀具位置并修改刀补值和刀补号。

(12) 必须在确认工件夹紧后才能启动机床，严禁工件转动时测量、触摸工件。

(13) 操作中出现工件跳动、打抖、声音异常、夹具松动等异常情况时必须立即停车处理。情况异常危急时可按下“急停”按钮，以确保人身和设备安全。

(14) 机床发生事故，操作者要注意保留现场，并如实说明事故发生前后的情况，以利于分析问题，查找事故原因。

(15) 严禁无关人员随意动用数控车床。

(16) 要认真填写设备运行记录，做好交接工作。

(17) 要经常做好设备的清洁、保养工作。

1.2　SSCK20A 数控车床参数简介

SSCK20A 数控车床主要技术参数如下：

卡盘直径		210 mm
床身上最大回转直径		450 mm
最大加工直径		200 mm
轴类最大加工长度		500 mm
滑鞍最大纵向行程		660 mm
滑板最大横向行程		170 mm
主轴孔径		55 mm
主轴转速(无级)		(45～2400) r/min
回转刀架工位		6 工位
车刀刀方		20 mm×20 mm
脉冲当量	纵向(*Z* 轴)	0.001 mm
	横向(*X* 轴)	0.001 mm(直径上)
快速移动速度	纵向(*Z* 轴)	10 000 mm/min
	横向(*X* 轴)	8000 mm/min
主轴电动机功率	FANUC 主轴电动机	11 kW
进给伺服电动机功率	FANUC(*Z*、*X* 轴)	1.2 kW
数控系统	FANUC 0i Mate-TB	

1.3　数控车床的基本组成与分类

1. 数控车床的组成

数控车床由床身、主轴箱、刀架进给系统、尾座、液压系统、冷却系统、润滑系统等部分组成。图 1-6 所示为数控车床的外观图。

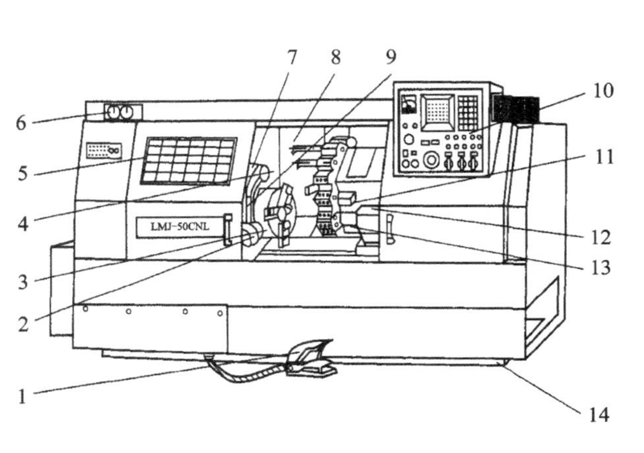

1—主轴卡盘松、夹开关；
2—对刀仪；
3—主轴卡盘；
4—主轴箱；
5—机床防护罩；
6—压力表；
7—对刀仪防护罩；
8—导轨防护罩；
9—对刀仪转臂；
10—操作面板；
11—回转刀架；
12—尾座；
13—床鞍；14—床身

图 1-6　数控车床的外观图

(1) 床身。数控车床的床身结构有多种形式，主要有水平床身、水平床身斜刀架、斜床身等，如图 1-7 所示。

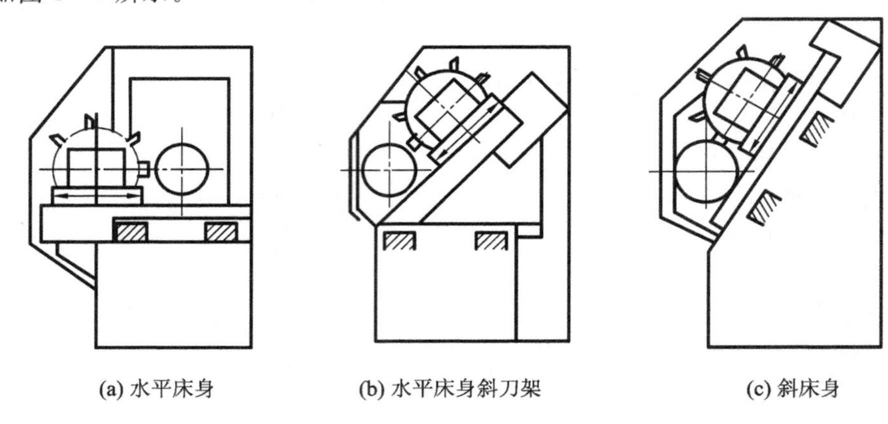

(a) 水平床身　　(b) 水平床身斜刀架　　(c) 斜床身

图 1-7　数控车床的床身结构

(2) 主传动系统。数控车床的主传动系统一般采用直流或交流无级调速电功机，通过皮带传动带动主轴旋转，由数控系统指令控制，实现自动无级调速及恒切削速度控制。

(3) 进给传动系统。车床进给传动系统一般由横向进给传动和纵向进给传动系统组成。横向进给传动系统是带动刀架做横向(X 轴)移动的装置，它控制工件的径向尺寸；纵向进给传动系统是带动刀架做纵向(Y 轴)移动的装置，它控制工件的轴向尺寸。

(4) 自动回转刀架。刀架是数控车床的重要部件，用于安装各种切削加工刀具，其结构直接影响机床的切削性能和工作效率。

数控车床的刀架分为转塔式和排式刀架两大类。转塔式刀架是普遍采用的刀架形式，它通过转塔头的旋转、分度、定位来实现机床的自动换刀工作。转塔式回转刀架分为立式和卧式两种形式。根据同时装夹刀具的数量分 4、6、8、12 等工位。图 1-8(a) 所示为四方位立式回转刀架，图 1-8(b)所示为 12 工位卧式回转刀架。

(a) 四方位立式回转刀架　　(b) 12 工位卧式回转刀架

图 1-8　数控车床自动回转刀架

2. 数控车床的结构特点

与普通车床相比，数控车床的结构有以下特点：

(1) 数控车床刀架的两个方向运动分别由两台伺服电动机驱动，一般采用与滚珠丝杠直连，传动链短。

（2）数控车床刀架移动一般采用滚珠丝杠副，丝杠两端安装滚珠丝杠专用轴承，它的接触角比常用的向心推力球轴承大，能承受较大的轴向力；数控车床的导轨、丝杠采用自动润滑，由数控系统控制定期、定量供油，润滑充分，可实现轻拖动。

（3）数控车床一般采用镶钢导轨，摩擦系数小，机床精度保持时间较长，可延长其使用寿命。

（4）数控车床主轴通常采用主轴电动机通过一级皮带传动，主轴电动机由数控系统控制，采用直流或交流控制单元来驱动，实现无级变速，不必用多级齿轮副来进行变速。

（5）数控车床还具有加工冷却充分、防护严密等特点，自动运转时一般都处于全封闭或半封闭状态。

（6）数控车床一般还配有自动排屑、液压动力卡盘及液压顶尖等辅助装置。

3. 数控车床的分类

数控车床种类繁多，规格不一，可采用不同的方法进行分类。

1）按数控车床的功能分类

（1）经济型数控车床。经济型数控车床是在卧式车床基础上进行改进设计的，一般采用步进电动机驱动的开环伺服系统，其控制部分通常用单板机或单片机实现。这种数控车床的成本较低，自动化程度和功能都较差，车削加工精度不高，适用于要求不高的回转类零件的车削加工，其外形如图 1－9 所示。

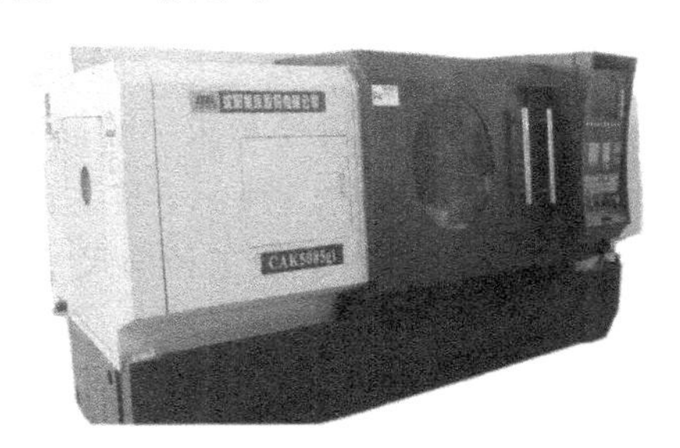

图 1－9　经济型数控车床

（2）全功能型数控车床。全功能型数控车床是根据车削加工特点，在结构上进行专门设计，配备功能强的数控系统；一般采用交流主轴控制单元来驱动主轴电动机，按控制指令作无级变速；进给系统采用交流伺服电动机，实现半闭环或闭环控制。这种数控车床的自动化程度和加工精度比较高，一般具有恒线速度切削、钻孔循环、刀尖圆弧半径自动补偿等功能，适用于复杂回转体零件的车削加工，其外形如图 1－10 所示。

图 1－10　全功能型数控车床

(3) 车削中心。车削中心是在全功能型数控车床的基础上，进行专门设计，增加了刀库、动力头和 C 轴，可控制 X(横向)、Z(纵向)、C(主轴回转位置控制)三个坐标轴，可以实现三坐标两联动轮廓控制。由于车削中心增加了 C 轴和刀库，因此其加工功能大大增强，除了能车削、镗削外，还能对端面和圆周面上的任意位置进行钻、攻螺纹等加工，也可以进行径向和轴向铣削以及曲面铣削，其外形如图 1-11 所示。

图 1-11　车削中心

2) 按主轴的配置形式分类

(1) 卧式数控车床。数控车床的主轴轴线处于水平面位置，有水平导轨和倾斜导轨两种，图 1-12 所示为双转塔刀架倾斜导轨卧式数控车床。倾斜导轨结构可以使车床具有更大的刚性，并易于排除切屑，因此，全功能型数控车床一般都采用倾斜导轨。

(2) 立式数控车床。立式数控车床如图 1-13 所示，其主轴轴线垂直于水平面，工件装夹在直径很大的工作台面上。这种车床主要用于加工径向尺寸大、轴向尺寸相对较小的大型复杂回转体零件。

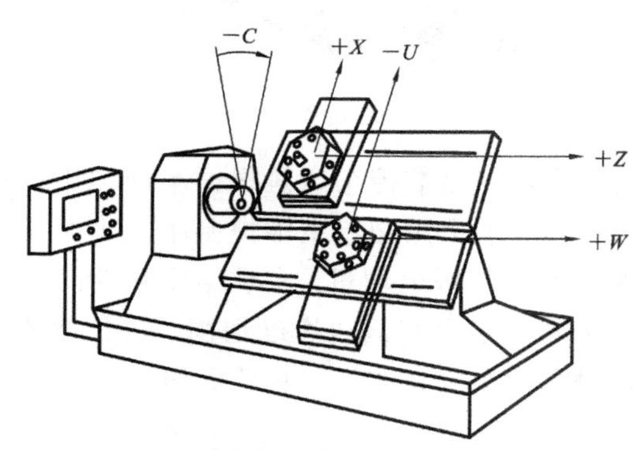

图 1-12　双转塔刀架倾斜导轨卧式数控车床

3) 按数控系统控制的轴数分类

(1) 两轴控制的数控车床。其机床上有一个回转刀架，可以进行两坐标控制。刀架有各种形式，其中转塔式刀架使用最为广泛，分立式和卧式两种。

(2) 四轴控制的数控车床。其机床上有两个独立的回转刀架，如图 1-12 所示，双刀架回转轴线一般平行分布，也可以相互垂直分布。双刀架数控车床可以进行四坐标控制。

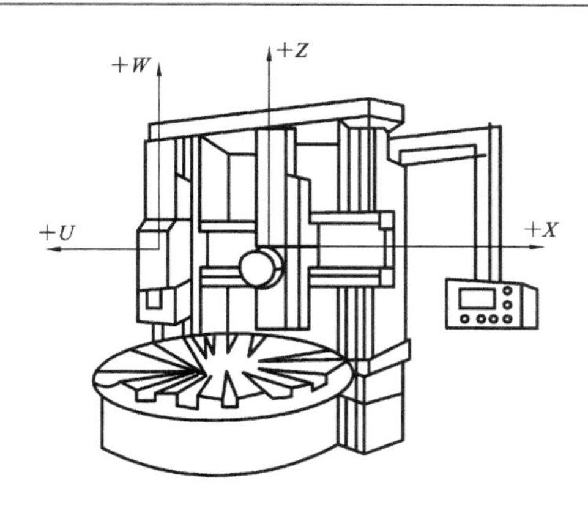

图 1-13　立式数控车床

对于车削中心，还要增加其他的附加坐标轴来满足机床的功能。目前，我国使用较多的是中小规格的两坐标连续控制的数控车床。

实训项目二　数控车削加工基本实训

实训项目二以六个典型零件为载体，通过六个任务的实训，要求掌握数控车床外圆、螺纹、型面等基本形状的编程和加工方法，进一步巩固数控车床程序的编辑方法和数控车床的对刀方法。

【学习目标】

知识目标：

(1) 掌握 G90、G94 外圆端面单一固定循环指令代码的格式及编程技巧。
(2) 掌握 G32 单行程螺纹加工指令代码的格式及编程技巧。
(3) 掌握 G92 螺纹单一固定循环指令代码的格式及编程技巧。
(4) 掌握 G76 螺纹车削复合循环加工指令代码的格式及编程技巧。
(5) 掌握 G71 外圆(内孔)粗车复合循环指令代码的格式及编程技巧。
(6) 掌握 G73 型面复循环指令代码的格式及编程技巧。

技能目标：

(1) 掌握外圆端面单一固定循环的编程及加工方法。
(2) 掌握单行程螺纹的编程及加工方法。
(3) 掌握螺纹单一固定循环的编程及加工方法。
(4) 掌握螺纹车削复合循环的编程及加工方法。
(5) 掌握外圆(内孔)粗车复合循环的编程及加工方法。
(6) 掌握型面复循环的编程及加工方法。
(7) 进一步提高对刀的准确性，不断掌握数控加工技巧。

【工作任务】

任务一　G90、G94 外圆端面单一固定循环加工训练。
任务二　G32 单行程螺纹加工训练。
任务三　G92 螺纹单一固定循环加工训练。
任务四　G76 螺纹车削复合循环加工训练。
任务五　G71 外圆(内孔)粗车复合循环指令加工训练。
任务六　G73 型面复循环指令加工训练。

本项目采用由浅入深、由简单到复杂的训练方法，每位学生可以用一根棒料逐步完成多个任务，既解决了针对不同特点零件的加工练习问题，又节约了材料，具有很强的可操作性。

任务一　G90、G94 外圆端面单一固定循环加工训练

【目的要求】

(1) 进一步掌握用试切法建立工件坐标系的操作步骤（使用基准刀在 G54 工件坐标系下建立）。

(2) 掌握 G90、G94 外圆端面单一固定循环的编程方法。

【任务内容】

(1) 用外圆端面单一固定循环的编程方法加工出如图 2-1 所示的零件。

(2) 安装和调整液压动力自定心三爪卡盘。

(3) 用试切法建立工件坐标系。

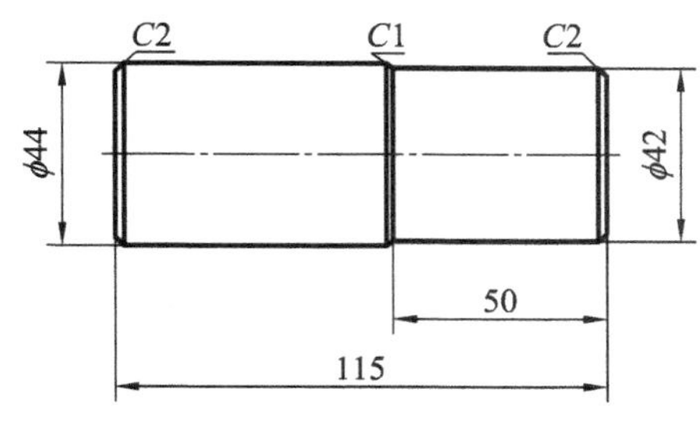

图 2-1　练习加工件 1

【任务实施】

毛坯：45 钢，尺寸为 ϕ50×120。

刀具：90°外圆车刀 1 把。

工艺：三爪夹持加工一端后掉头加工。

加工：零件加工前，一定要首先检查机床的正常运行。

加工前，一定要通过试车保证机床正确工作，例如在机床上不装工件和刀具时利用单程序段、进给倍率或机床锁住等检查机床的正确运行。如果未能确认机床动作的正确性，机床有可能发生误动作，从而引起工件或机床本身的损坏，甚至伤及操作者。

参考加工程序：

(1) 左端加工程序。

```
O0001;
N10 G54 G99 G97 G00 X100 Z100;
N20 T0101 M03 S600;
N30 X52 Z1;
N40 G94 X-1 Z0 F0.15;
N50 G90 X48 Z-70 F0.2;
N60 X46;
N70 X44.5;
N80 G00 X38;
N90 G01 X44 Z-2 F0.15;
N100 Z-67;
N110 G00 X100 Z100;
N120 M05;
N130 M30;
```

（2）右端加工程序。

```
O0002;
N10 G54 G99 G97 G00 X100 Z100;
N20 T0101 M03 S600;
N30 X52 Z5;
N40 G94 X-1 Z3 F0.15;
N50 Z1.5;
N60 Z0;
N70 G90 X48 Z-50 F0.2;
N80 X46;
N90 X44;
N100 X42.5;
N110 G00 X36;
N120 G01 X42 Z-2 F0.15;
N130 Z-50;
N140 X46 W-2;
N150 G00 X100 Z100;
N160 M05;
N170 M30;
```

任务二　G32 单行程螺纹加工训练

【目的要求】

（1）进一步掌握用试切法建立工件坐标系的操作步骤（使用基准刀在 G54 工件坐标系下建立）。

（2）掌握 G32 单行程螺纹加工训练编程和加工方法。

【任务内容】

（1）用 G32 单行程螺纹加工的编程方法加工出如图 2－2 所示的零件。

（2）安装和调整液压动力自定心三爪卡盘。

（3）用试切法建立工件坐标系。

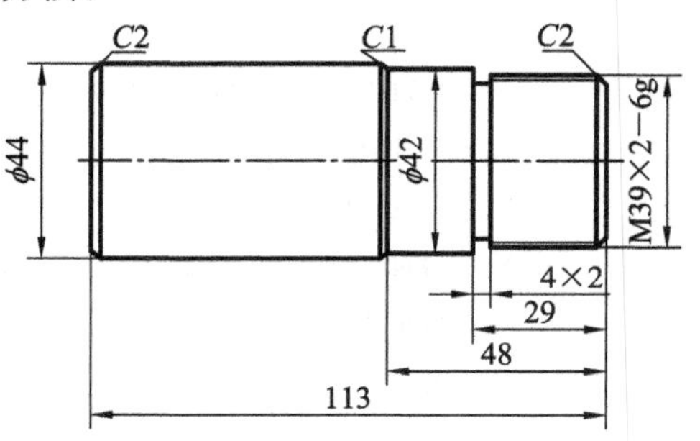

图 2－2　练习加工件 2

【任务实施】

毛坯：练习加工件 1 的成品。

刀具：90°外圆车刀 1 把，外切槽刀 1 把，60°外螺纹刀 1 把。

工艺：夹持左端一次加工完成。

加工：（1）编程并输入程序。

（2）对刀并确定起点，启动程序。

参考加工程序：

```
O0001;
N10 G54 G99 G97 G00 X100 Z100;
N20 T0101 M03 S600;
N30 X43 Z1;
N40 G90 X39.5 Z-29 F0.2;
N50 G00 X32.8;
N60 G01 X38.8 Z-2 F0.15;
N70 Z-29;
N80 X43;
N90 G00 X100 Z100;
N100 T0202 M03 S350;
N110 X43 Z-29;
N120 G01 X35 F0.1;
N130 G04 X1;
N140 G00 X100;
N150 Z100;
N160 T0303 M03 S500;
N170 X40 Z-27;
N180 X38.2;
N190 G32 Z5 F2;
N200 G00 X40;
N210 Z-27;
N220 X37.7;
N230 G32 Z5 F2;
N240 G00 X40;
N250 Z-27;
N260 X37.3;
N270 G32 Z5 F2;
N280 G00 X40;
N290 Z-27;
N300 X37;
N310 G32 Z5 F2;
N320 G00 X40;
N330 X36.7;
N340 G32 Z5 F2;
N350 G00 X40;
N360 Z-27;
N370 X36.5;
N380 G32 Z5 F2;
N390 G00 X40;
N400 Z-27;
N410 X36.3;
```

```
N420 G32 Z5 F2;
N430 G00 X40;
N440 X36.2;
N450 G32 Z5 F2;
N460 G00 X100;
N470 Z100;
N480 M05;
N490 M30;
```

任务三　G92 螺纹单一固定循环加工训练

【目的要求】

(1) 进一步掌握用试切法建立工件坐标系的操作步骤（使用基准刀在 G54 工件坐标系下建立）。

(2) 掌握 G92 螺纹单一固定循环加工的编程和加工方法。

【任务内容】

(1) 用 G92 螺纹单一固定循环加工的编程方法加工出如图 2-3 所示的零件。

(2) 安装和调整液压动力自定心三爪卡盘。

(3) 用试切法建立工件坐标系。

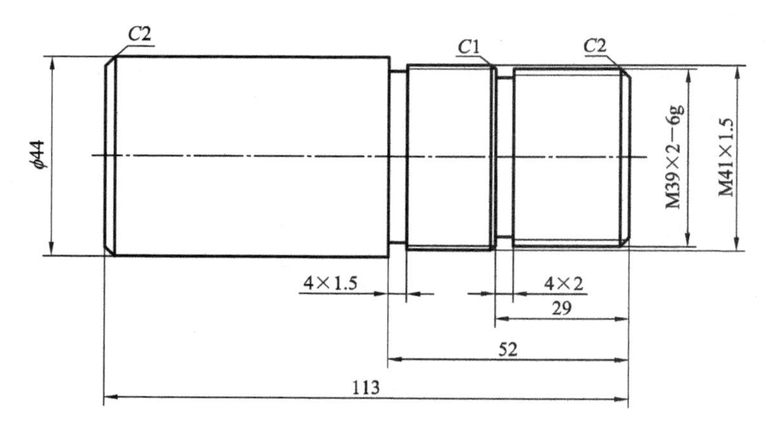

图 2-3　练习加工件 3

【任务实施】

毛坯：练习加工件 2 的成品。

刀具：90°外圆车刀 1 把，外切槽刀 1 把，60°外螺纹刀 1 把。

工艺：夹持左端一次加工完成。

加工：(1) 编程并输入程序。

(2) 对刀并确定起点，启动程序。

参考加工程序：

```
O0001;
N10 G54 G99 G97 G00 X100 Z100;
N20 T0101 M03 S600;
N30 X43 Z-28;
N40 X37;
N50 G01 X40.85 Z-30 F0.15;
N60 Z-51;
N70 X45;
N80 G00 X100 Z100;
N90 T0202 M03 S350;
N100 X45 Z-52;
N110 G01 X38 F0.1;
N120 G04 X1;
N130 G00 X100;
N140 Z100;
N150 T0303 M03 S500;
N160 X42 Z-50;
N170 G92 X40.35 Z-25 F1.5;
N180 X39.95;
N190 X39.55;
N200 X39.25;
N210 X39.05;
N220 X38.95;
N230 X38.85;
N240 G00 X100;
N250 Z100;
N260 M05;
N270 M30;
```

任务四　G76 螺纹车削复合循环加工训练

【目的要求】

(1) 进一步掌握用试切法建立工件坐标系的操作步骤(使用基准刀在 G54 工件坐标系下建立)。

(2) 掌握 G76 螺纹车削复合循环加工的编程方法。

【任务内容】

(1) 用 G76 螺纹车削复合循环加工的编程方法加工出如图 2-4 所示的零件。

(2) 安装和调整液压动力自定心三爪卡盘。

（3）用试切法建立工件坐标系。

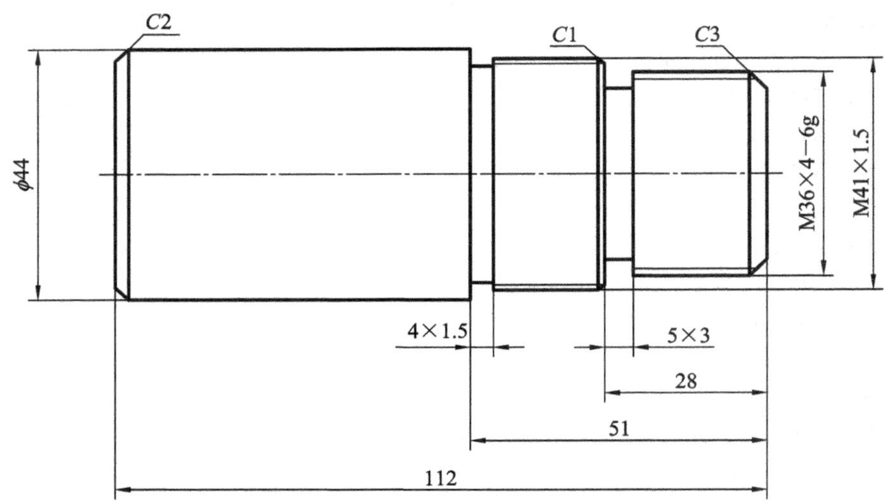

图 2－4　练习加工件 4

【任务实施】

毛坯：练习加工件 3 的成品。

刀具：90°外圆车刀 1 把，外切槽刀 1 把，60°外螺纹刀 1 把。

工艺：夹持左端一次加工完成。

加工：（1）编程并输入程序。

（2）对刀并确定起点，启动程序。

参考加工程序：

```
O0001;
N10 G54 G99 G97 G00 X100 Z100;
N20 T0101 M03 S600;
N30 X40 Z1;
N40 G94 X-1 Z0 F0.15;
N50 G00 X40 Z1;
N60 G90 X36.5 Z-28 F0.2;
N70 G00 X27.6;
N80 G01 X35.6 Z-3 F0.15;
N90 Z-28;
N100 X42;
N110 G00 X100 Z100;
N120 T0202 M03 S350;
N130 X42 Z-28;
N130 G01 X30.1 F0.1;
N140 G00 X42;
N150 Z-27;
```

```
N160 G01 X30 F0.1;
N170 Z-28;
N180 G00 X100;
N190 Z100;
N200 T0303 M03 S500;
N210 G00 X38 Z-25;
N220 G76 P020560 Q100 R0.2;
N230 G76 X30.4 Z5 P2600 Q600 F4;
N240 G00 X100 Z100;
N260 M05;
N270 M30;
```

任务五　G71 外圆(内孔)粗车复合循环指令加工训练

【目的要求】

(1) 进一步掌握用试切法建立工件坐标系的操作步骤(使用基准刀在 G54 工件坐标系下建立)。

(2) 掌握 G71 外圆(内孔)粗车复合循环指令的编程方法。

【任务内容】

(1) 用 G71 外圆(内孔)粗车复合循环指令的编程方法编程加工出如图 2-5 所示的零件。

(2) 安装和调整液压动力自定心三爪卡盘。

(3) 用试切法建立工件坐标系。

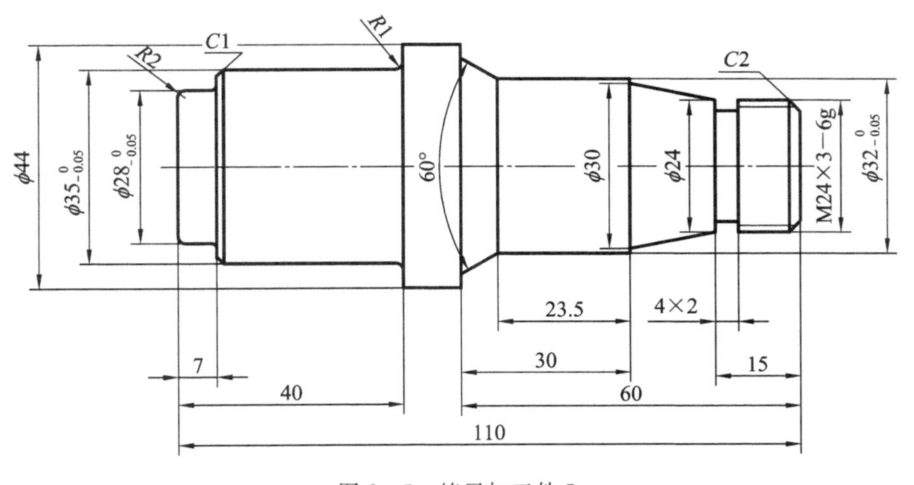

图 2-5　练习加工件 5

【任务实施】

毛坯：练习加工件 4 的成品。

刀具：90°外圆车刀 1 把，外切槽刀 1 把，60°外螺纹刀 1 把。

工艺：夹持左端一次加工完成。

加工：(1) 编程并输入程序。

(2) 对刀并确定起点，启动程序。

参考加工程序：

(1) 左端加工程序。

```
O0001;
N10 G54 G99 G97 G00 X100 Z100;
N20 T0101 M03 S600;
N30 X45 Z1;
N40 G71 U1 R0.5;
N50 G71 P60 Q140 U0.5 W0.1 F0.25;
N60 G00 X24;
N70 G01 Z0 F0.15;
N80 G03 X28 Z-2 R2;
N90 G01 Z-7;
N100 X33;
N110 X35 W-1;
N120 Z-40;
N130 X43;
N140 X45 W-1;
N150 G70 P60 Q140 S1000;
N160 G00 X100 Z100;
N170 M05;
N180 M30;
```

(2) 右端加工程序。

```
O0002;
N10 G54 G99 G97 G00 X100 Z100;
N20 T0101 M03 S600;
N30 X42 Z1;
N40 G71 U1 R0.5;
N50 G71 P60 Q150 U0.5 W0.1 F0.25;
N60 G00 X17.7;
N70 G01 X23.7 Z-2 F0.15;
N80 Z-15;
N90 X24;
N100 X30 W-15;
N110 X32;
N120 W-23.5;
N130 X39.5 Z-60;
N140 X43;
N150 X45 W-1;
```

```
N160 G70 P60 Q150 S1000;
N170 G00 X100 Z100;
N180 T0202 M03 S350;
N190 X28 Z-15;
N200 G01 X20 F0.1;
N210 G04 X1;
N220 G00 X100;
N230 Z100;
N240 T0303 M03 S500;
N250 G00 X25 Z-13;
N260 G92 X23 Z5 F3;
N270 X22.4;
N280 X21.9;
N290 X21.6;
N310 X21.1;
N320 X19.9;
N330 X19.8;
N340 G00 X100 Z100;
N350 M05;
N360 M30;
```

任务六 G73 型面复循环指令加工训练

【目的要求】

(1) 进一步掌握用试切法建立工件坐标系的操作步骤(使用基准刀在 G54 工件坐标系下建立)。

(2) 掌握 G73 型面复循环指令加工的编程方法。

【任务内容】

(1) 用 G73 型面复循环指令加工的编程方法加工出如图 2-6 所示的零件。

(2) 安装和调整液压动力自定心三爪卡盘。

(3) 用试切法建立工件坐标系。

【任务实施】

毛坯:练习加工件 5 的成品。

刀具:93°外圆仿形车刀 1 把,外切槽刀 1 把,60°外螺纹刀 1 把。

工艺:(1) 夹持右端完成左端加工。

(2) 夹持左端一次加工完成。

加工：(1) 编程并输入程序。

(2) 对刀并确定起点，启动程序。

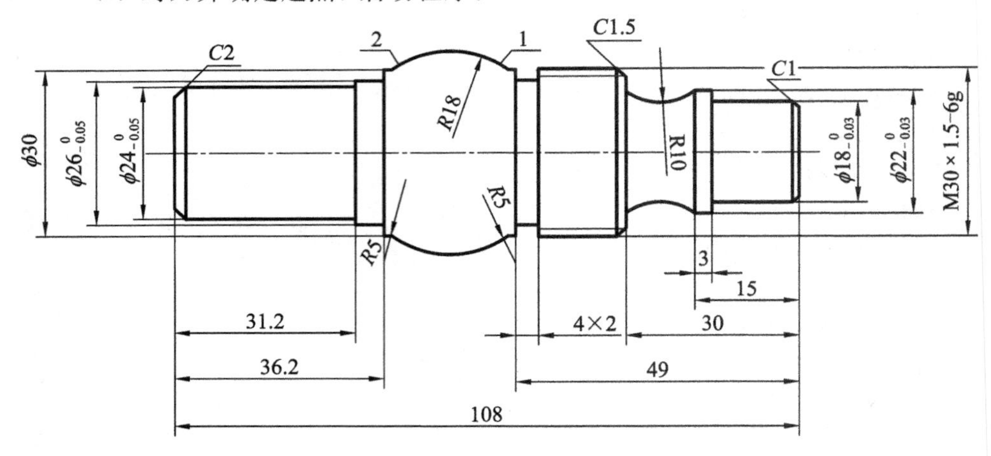

第 1 个点坐标：X=51.505，Y=15.652
第 2 个点坐标：X=69.283，Y=15.652

图 2-6　练习加工件 6

参考加工程序：

(1) 左端加工程序：

```
O0001;
N10 G54 G99 G97 G00 X100 Z100;
N20 T0101 M03 S600;
N30 X36 Z1;
N40 G90 X32 Z-36.2 F0.2;
N50 X29;
N60 X26.5;
N70 X24.5 Z-31.2;
N80 G00 X18;
N90 G01 X24 Z-2 F0.15;
N100 Z-31.2;
N110 X26;
N120 Z-36.2;
N130 X36;
N140 G00 X100 Z100;
N150 M05;
N160 M30;
```

(2) 右端加工程序。

```
O0002;
N10 G54 G99 G97 G00 X100 Z100;
```

```
N20 T0101 M03 S600；
N30 X38 Z1；
N40 G73 U3 R3；
N50 G73 P60 Q180 U0.5 W0.1 F0.25；
N60 G00 X14；
N70 G01 X18 Z-1 F0.15；
N80 Z-15；
N90 X22；
N100 W-3；
N110 G02 X22 Z-30 R10；
N120 G01 X26.85；
N130 X29.85 W-1.5；
N140 Z-49；
N150 G02 X31.304 Z-51.505 R5；
N160 G03 X31.304 Z-69.283 R18；
N170 G02 X30 Z-71.8 R5；
N180 G01 X36；
N190 G70 P60 Q180 S1000；
N200 G00 X100 Z100；
N210 T0202 M03 S350；
N220 X32 Z-49；
N230 G01 X26 F0.1；
N240 G04 X1；
N250 G00 X100；
N260 Z100；
N270 T0303 M03 S500；
N280 X31 Z-47；
N290 G92 X29.35 Z-25 F1.5；
N300 X28.95；
N310 X39.55；
N320 X28.25；
N330 X28.05；
N340 X27.95；
N350 X27.85；
N360 G00 X100 Z100；
N370 M05；
N380 M30；
```

相关知识

2.1 数控车床编程特点

数控车床编程的主要特点如下：

(1) 在一个程序段中，可以采用绝对值编程(X、Z)、增量值编程(U、W)或两者混合编程。

(2) 为了方便程序的编制和修改，一般程序 X 坐标以工件直径值编程。

(3) 为了提高数控车床径向尺寸的加工精度，X 方向的脉冲当量为 Z 方向的一半。

(4) 由于车削加工常用棒料或锻料作为毛坯，加工余量大，为简化编程，数控系统常具有车外圆、车端面、车螺纹等固定循环指令，也可实现多次重复循环切削。

(5) 大多数数控车床具备刀具半径自动补偿功能(G41、G42)，这类数控车床可以直接按工件实际轮廓尺寸编程。在加工过程中，刀具的位置、几何形状、刀尖圆弧半径的变化，都无须更改加工程序，只要将变化的尺寸或圆弧半径输入到系统中，加工便能自动进行补偿。

2.2 数控车床常用指令及编程方法

2.2.1 数控车床机床坐标系与工件坐标系

数控车床的坐标系分为机床坐标系和工件坐标系。无论哪种坐标系都是规定与车床主轴轴线平行的坐标轴为 Z 轴，刀具远离工件的方向为 Z 轴的正方向，与车床主轴轴线垂直的坐标轴为 X 轴，刀具远离主轴轴线的方向为 X 轴的正方向。

1. 机床坐标系

由机床坐标原点与机床的 X、Z 轴组成的坐标系称为机床坐标系，如图 2-7 所示。机床坐标系是机床固有的坐标系，在出厂前已经预调好，一般情况下，不允许用户随意改动。机床坐标原点是机床的一个固定点，定义为主轴端面与主轴旋转中心线的交点，图 2-7 中的 O 点即为机床原点。

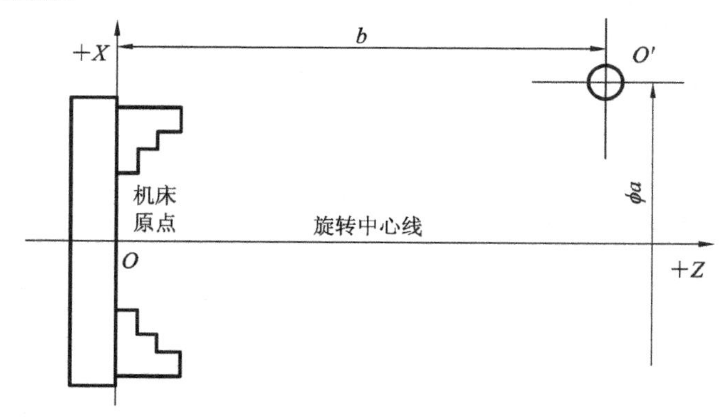

图 2-7 机床坐标系

机床通电后，不论刀架位于什么位置，当完成回参考点操作后，则面板显示器上显示的是刀位点(刀架中心)在机床坐标系中的坐标值，就相当于数控系统内部建立了一个以机床原点为坐标原点的机床坐标系。

机床参考点也是机床的一个固定点，其位置由 Z 向与 X 向的机械挡块来确定，该点与机床原点的相对位置如图 2－7 所示，O'点即为机床参考点，它是 X、Z 轴最远离工件的那一个点。当发出回参考点的指令时，装在横向和纵向滑板上的行程开关碰到相应的挡块后，由数控系统控制滑板停止运动，完成回参考点的操作。

2. 工件坐标系

在数控编程时，为了简化编程，首先要确定工件坐标系和工件原点。工件原点也叫编程原点，是人为设定的。它的设定依据标注习惯，为了便于节点计算及编程，一般车削件的工件原点设在工件的左、右端面或卡盘端面与主轴旋转中心线的交点处。图 2－8 所示为以工件右端面为工件原点的坐标系。工件坐标系是由工件原点与 X、Z 轴组成的坐标系，当建立起工件坐标系后，显示器上绝对坐标显示的是刀位点(刀尖点)在工件坐标系中的位置。

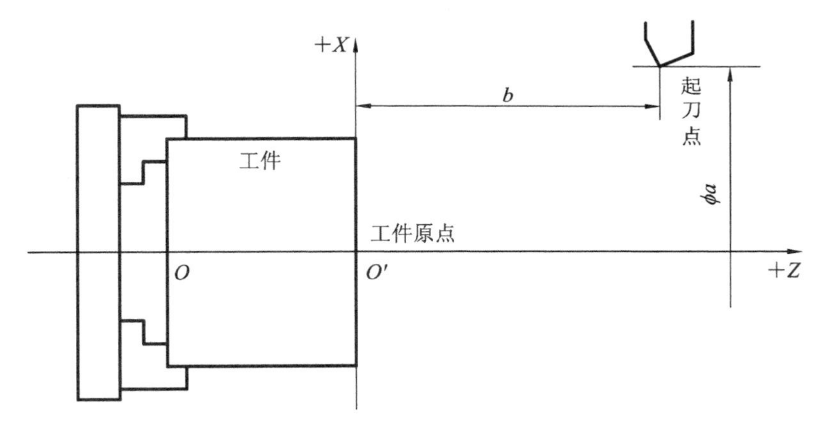

图 2－8　工件坐标系

编制数控程序时，首先要建立一个工件坐标系，程序中的坐标值均以此坐标系为编程依据。工件坐标系的原点选择要尽量满足编程简单、尺寸换算少、引起的加工误差小等条件。通常情况下，数控车床的工件坐标系原点都设置在主轴中心线与工件右端面的交点处。

加工时，工件坐标系的建立通过对刀来实现，而且必须保证与编程时的坐标系一致。

2.2.2　数控车床常用指令

数控车床加工中的动作在加工程序中用指令的方式事先予以规定，这类指令有准备功能 G、辅助功能 M、刀具功能 T、主轴转速功能 S 和进给功能 F 等。由于目前数控机床、数控系统的种类较多，同一指令其含义不完全相同，因此，编程前必须对所使用的数控系统功能进行仔细研究，参考编程手册，掌握每个指令的确切含义，以免发生错误。

1. 准备功能 G 指令

准备功能也称 G 功能，它是由地址字 G 及其后面的两位数字组成的，主要用来指令机床的动作方式。表2.1是日本FANUC 0i－TB数控系统的常用准备功能G指令及其功能。

表2.1 FANUC 0i－TB系统常用准备功能G指令及其功能

G指令	组号	功 能	G指令	组号	功 能
★G00	01	快速点定位	G70	00	精车循环
G01		直线插补	G71		粗车外圆复合循环
G02		顺时针圆弧插补	G72		粗车端面复合循环
G03		逆时针圆弧插补	G73		固定形状粗加工复合循环
G04	00	暂停	G76		螺纹切削复合循环
G20	06	英制尺寸	G90	01	单一形状固定循环
★G21		米制尺寸	G92		单一螺纹切削循环
G32	01	螺纹切削	G94		端面切削循环
★G40	07	取消刀具半径补偿	G96	02	恒线切削速度控制
G41		刀尖圆弧半径左补偿	★G97		取消恒线切削速度控制
G42		刀尖圆弧半径右补偿	G98	05	进给速度按每分钟设定
G50	00	设定坐标系 设定主轴最高转速	★G99		进给速度按每转设定
★G54～G59	14	工件坐标系选择			

注：带★号的G指令为机床接通电源时的状态。00组的G指令为非模态G指令。在编程时，G指令中前面的0可省略，如G00、G01、G02可分别简写为G0、G1、G2。

2. 辅助功能M指令

辅助功能是用地址M及后面两位数字组成的，它是主要用于机床加工操作时的工艺性指令。M指令的特点是依靠继电器的通断来实现其控制过程。表2.2是日本FANUC 0i－TB系统常用辅助功能M指令及其功能。

表2.2 FANUC 0i－TB系统常用辅助功能M指令及其功能

M指令	功 能	M指令	功 能
M00	程序暂停	M08	切削液开
M01	选择停止	M09	切削液关
M02	程序结束	M30	程序结束
M03	主轴正转	M98	调用子程序
M04	主轴反转	M99	子程序结束
M05	主轴停转		

注：在编程时，M指令中前面的0可以省略，如M03、M05可分别简写为M3、M5。

3. F、T、S功能指令

(1) F功能指令：指定进给速度，由地址F及其后面的数字组成。

① 每转进给(G99)：在一条含有G99指令的程序段后面，再遇到F指令时，则F指令

所指定的进给速度单位为mm/r。如G99 F0.3，即进给速度为0.3 mm/r。系统开机状态为G99状态，只有输入G98指令后，G99指令才被取消。

② 每分钟进给(G98)：在一条含有G98指令的程序段后面，再遇到F指令时，则F指令所指定的进给速度单位为mm/min。如G98 F120，即进给速度为120 mm/min。G98指令被执行一次后，系统将保持G98状态，直到被G99指令取消为止。

(2) T功能指令：指定数控系统进行选刀或换刀，用地址T及其后面的数字来指定刀具号和刀具补偿号，数控车床上一般采用T○○□□的形式，其中○○表示刀具号，□□表示刀补号。例如，T0203表示选02号刀具，执行03组刀补。

(3) S功能指令：指定主轴速度，由地址S及其后面的数字组成。S功能指令包含以下三种功能。

① 直接指定主轴速度。例如，M03 S500表示主轴以500 r/min的速度正转。

② 主轴最高速度限定(G50)。G50指令除有坐标系设定功能外，还有主轴最高速度设定的功能，即用S指令指定的数值设定主轴每分钟最高转速。例如，G50 1500表示把主轴最高速度限定为1500 r/min。

③ 恒线速度控制(G96)。G96指令是接通恒线速度控制的指令。系统执行G96指令后，便认为用S指定的数值确定切削速度V(单位为m/min)。例如，G96 S150表示控制主轴转速，使切削点的线速度始终保持在150 m/min。用恒线速度控制加工端面、锥度和圆弧时，由于X坐标不断变化，当刀具逐渐接近工件的旋转中心时，主轴转速越来越高，在不断增大的离心力的作用下，加上其他原因，工件有从卡盘飞出的危险。因此为了防止事故的发生，必须在G96指令之前用G50指令限定主轴的最高转数。

G97指令是取消恒线速度控制的指令。G97指令后S指定的数值表示主轴每分钟的转数。例如，G97 S1200表示主轴转速为1200 r/min。

2.2.3 数控车床基本编程指令与格式

1. 三种编程方法

数控车床编程时，可采用绝对值编程、增量值编程和混合编程三种方法。由于被加工零件的径向尺寸在图样上标注和测量时都是以直径值表示的，因此，直径方向用绝对值编程时，X以直径值表示，用增量值编程时，以径向实际位移量的二倍值表示，并带上方向符号。

1) 绝对值编程

绝对值编程是根据预先设定的编程原点计算出绝对值坐标尺寸进行编程的一种方法。首先找出编程原点的位置，并用地址X、Z进行编程，例如X30 Z0，语句中的数值表示终点的绝对值坐标。

2) 增量值编程

增量值编程是根据前一位置的坐标值来表示位置的一种编程方法，即程序中的终点坐标是相对于起点坐标而言的。采用增量值编程时，用U、W代替X、Z进行编程。U、W的正负由移动方向来确定，移动方向与机床坐标方向相同时为正，反之为负。例如，U10 W－25表示终点相对于前一加工点的坐标差值在X轴方向为50，Z轴方向为－25。

3）混合编程

设定工件坐标系后，绝对值编程与增量值编程混合起来进行编程的方法叫混合编程。

如图 2－9 所示，应用以上三种不同方法编程时程序分别如下。

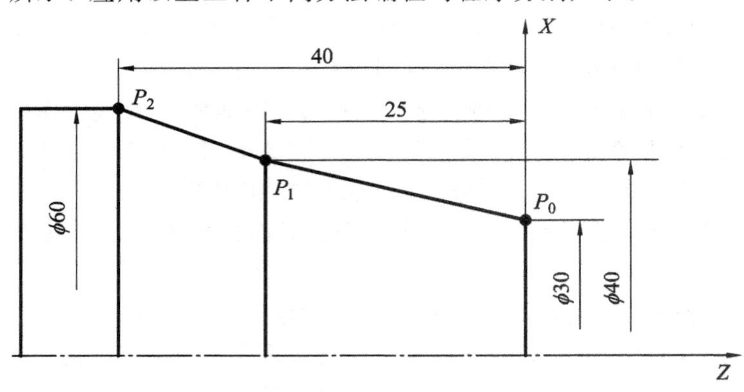

图 2－9　编程实例

绝对值编程：

```
…
N10 G01 X30 Z0 F0.2；
N20 X40 Z-25；
N30 X60 Z-40；
…
```

增量值编程：

```
…
N10 G01 U10 W-25 F0.2；
N20 U20 W-15；
…
```

混合编程：

```
…
N10 G01 U10 Z-25 F0.2；
N20 X60 W-15；
…
```

以上三段程序用不同方法编制，都表示从 P_0 点经过 P_1 点移动到 P_2 点。

2. 常用编程 G 指令

1）工件坐标系设定指令 G50

该指令是规定刀具起刀点距工件原点的距离。坐标值 X、Z 为刀位点在工件坐标系中的起始点(即起刀点)位置。当刀具的起刀点空间位置一定时，工件原点选择不同，刀具在工件坐标系中的坐标 X、Z 也不同。其指令格式为：

G50 X __ Z __

2）零点偏置设定指令 G54～G59

该指令反映工件坐标系的原点与机床坐标系原点间的距离。

3）快速点定位指令 G00

G00 指令是模态代码，它命令刀具以点定位控制方式从刀具所在点快速运动到下一个目标位置。它只是快速定位，两轴只以 1∶1 的脉冲比例运动，再运动剩余一个轴的移动量。它不用于切削加工过程。其指令格式为：

G00 X(U)__Z(W)__；

当采用绝对值编程时，刀具分别以各轴的快速运动到工件坐标系 X、Z 点。当采用增量值编程时，刀具以各轴的快速进给运动到距离位置为 U、W 的点。G00 为模态指令，刀具的实际运动路线不是直线，而是折线，移动速度不能用程序指令设定，应由厂家预调。

如图 2－10 所示（O 点为工件坐标系原点），从起点 A 快速运动到 B(24，2)点，轨迹是 $A \rightarrow M \rightarrow B$。

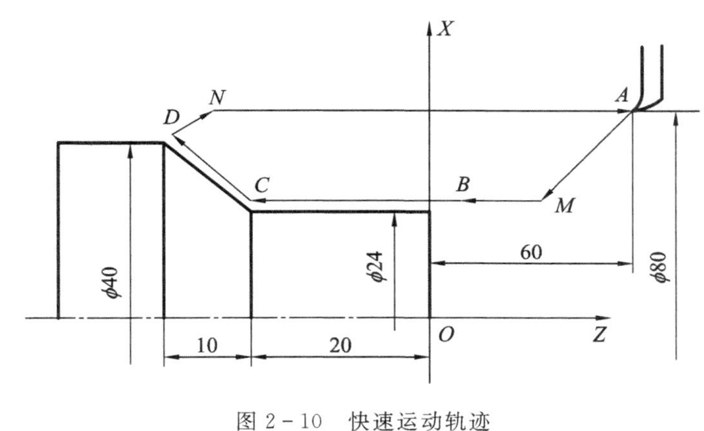

图 2－10　快速运动轨迹

绝对值编程为：

G00 X24 Z2；

增值量编程为：

G00 U-56 W-58；

4）直线插补指令 G01

G01 指令是模态代码，它是直线运动的命令，规定刀具在两坐标或三坐标间以插补联动方式按指定的 F 进给速度作任意斜率的运动。

当采用绝对值编程时，刀具以 F 指令的进给速度进行直线插补，运动到工件坐标系 X、Z 点。当采用增量值编程时，刀具以 F 进给速度运动到距离现有位置为 U、W 的点上。其中 F 进给速度在没有新的 F 指令以前一直有效，不必在每个程序段中都写入 F 指令。其指令格式为：

G01 X(U)__Z(W)__F__；

如图 2－10 所示，使用绝对值编程，$B \rightarrow D$ 点加工程序如下：

G01 X24 Z-20 F0.3；

X40 Z-30；

使用增量值编程，$B \rightarrow D$ 点加工程序如下：

G01 W-22 F0.3；

U16 W-10；

5）圆弧插补指令 G02、G03

圆弧插补指令是命令刀具在指定平面内按给定的 F 进给速度作圆弧运动，切削出圆弧轮廓。圆弧插补指令分为顺时针圆弧插补指令 G02 和逆时针圆弧插补指令 G03。图 2－11 为顺时针圆弧插补，图 2－12 为逆时针圆弧插补。

在车床上加工圆弧时，不仅需要用 G02 或 G03 指出圆弧的顺逆方向，用 X(U)、Z(W) 指定圆弧的终点坐标，而且还要指定圆弧的中心位置。

用 I、K 指定圆心位置，其格式为：

G02(G03)X(U)__Z(W)__I__K__F__；

用圆弧半径 R 指定圆心位置，其格式为：

G02(G03)X(U)__Z(W)__R__F__；

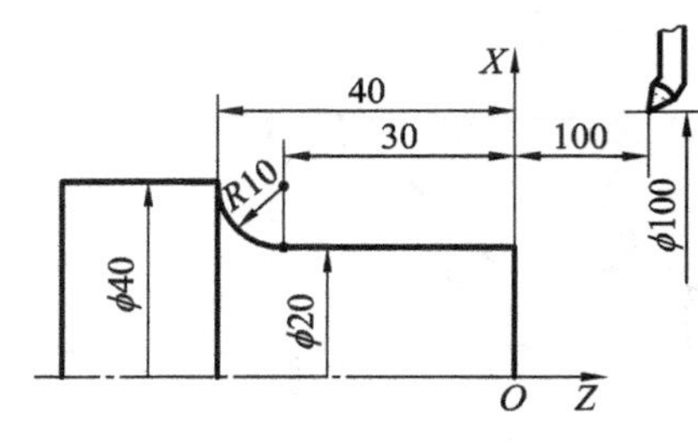

图 2－11　顺时针圆弧插补

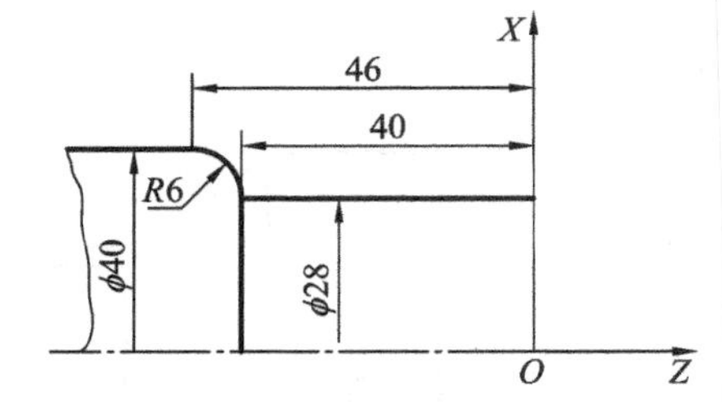

图 2－12　逆时针圆弧插补

6）螺纹切削指令 G32

G32 指令是完成单行程螺纹切削，车刀进给运动严格根据输入的螺纹导程进行。但是车入、切出、返回均需输入程序。其指令格式为：

G32 X(U)__Z(W)__F__；

其中 F 为螺纹导程。

2.3　数控车床固定循环指令的用法

数控车床上被加工工件的毛坯常用棒料或铸、锻件，因此加工余量大，一般需要多次重复循环加工，才能去除全部余量。为了简化编程，数控系统提供不同形式的固定循环功能，以缩短程序长度，减少程序所占内存。固定循环一般分为单一形状固定循环和复合形状固定循环。

1. 单一固定循环指令

1）外圆切削循环指令 G90

其指令格式为：

G90 X(U)__Z(W)__F__；

如图 2－13 所示，刀具从循环起点按矩形循环，最后又回到循环起点。图中虚线表示快速运动(用 R 表示)，实线表示按指定的工作进给速度运动(用 F 表示)。*X*、*Z* 为圆柱面切削终点坐标值；*U*、*W* 为圆柱面切削终点相对循环起点的增量值。其加工顺序按 1、2、3、4 进行。

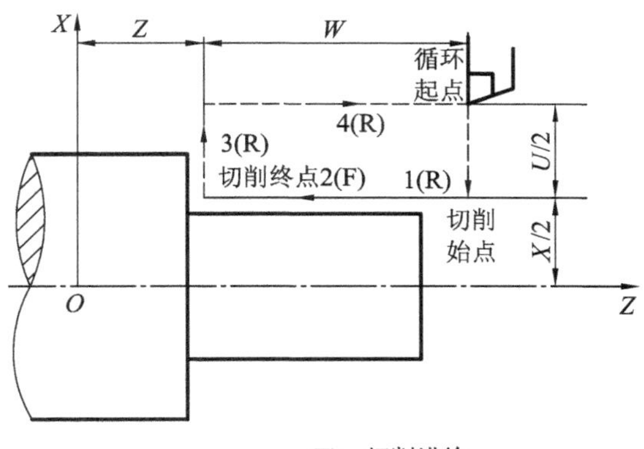

图 2-13　外圆切削循环路径

例　加工如图 2-14 所示的工件，其相关加工程序如下：

…

N10 G99 G90 X40 Z20 F0.3；　　　　（A—B—C—D—A）

N20 X30；　　　　（A—E—F—D—A）

N30 X20；　　　　（A—G—H—D—A）

…

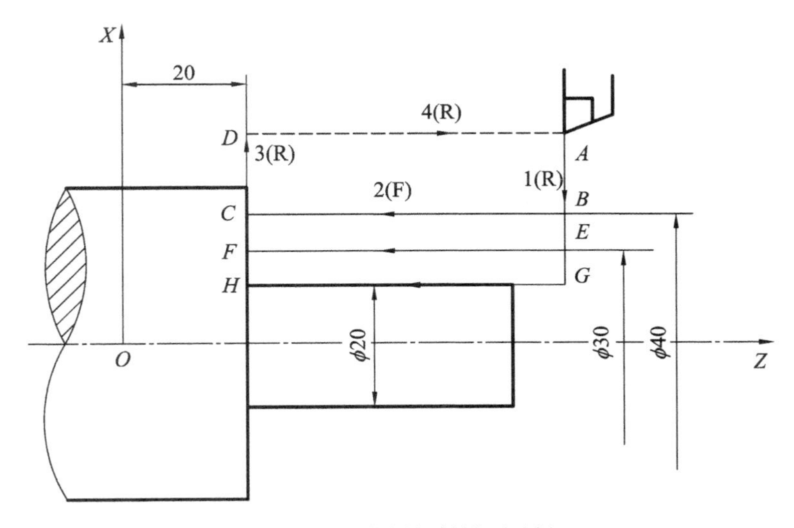

图 2-14　外圆切削循环示例

2）锥面切削循环指令 G90

其指令格式为：

G90 X(U)__Z(W)__R __F __；

如图 2-15 所示，R 为锥体大小端的半径差。编程时，应注意 R 的符号，锥面起点坐标大于终点坐标时 R 为正，反之为负。图示位置 R 为负。

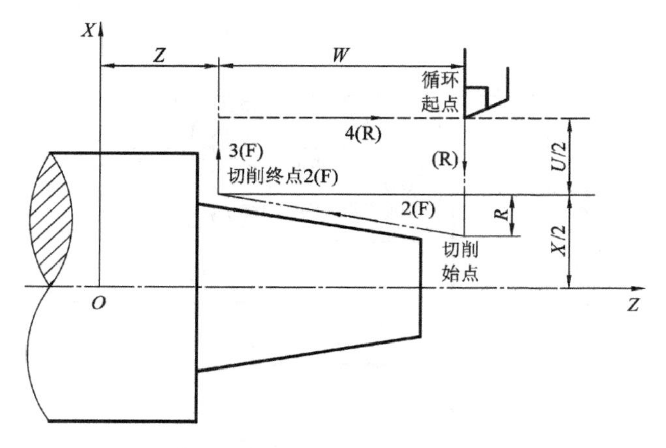

图 2-15　锥面切削循环路径

例　加工如图 2-16 所示的工件，其相关加工程序如下：

…

N10 G99 G90 X40 Z20 R-5 F0.2；　　　　　　(A—B—C—D—A)

N20 X30；　　　　　　(A—E—F—D—A)

N30 X20；　　　　　　(A—G—H—D—A)

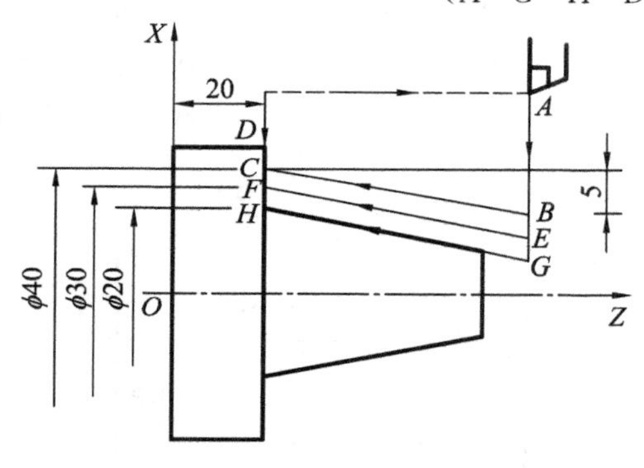

图 2-16　锥面切削循环示例

3）端面切削循环指令 G94

其指令格式为：

G94 X(U)__Z(W)__F__；

如图 2-17 所示，X、Z 为端面切削终点的坐标值，U、W 为端面切削终点相对循环起点的坐标分量。

4）带锥度的端面切削循环指令 G94

其指令格式为：

G94 X(U)__Z(W)__R__F__

如图 2-18 所示，R 为端面切削始点到终点位移在 Z 轴方向的坐标增量值。编程时，应注意 R 的符号，锥面起点 Z 坐标大于终点 Z 坐标时 R 为正，反之为负。图示位置 R 为负。

2. 多重固定循环指令

该指令应用于粗车和多次走刀加工的情况下。利用多重固定循环功能，只要编写出最终走刀路线，给出每次切除余量，机床即可自动完成多重切削直至加工完毕。

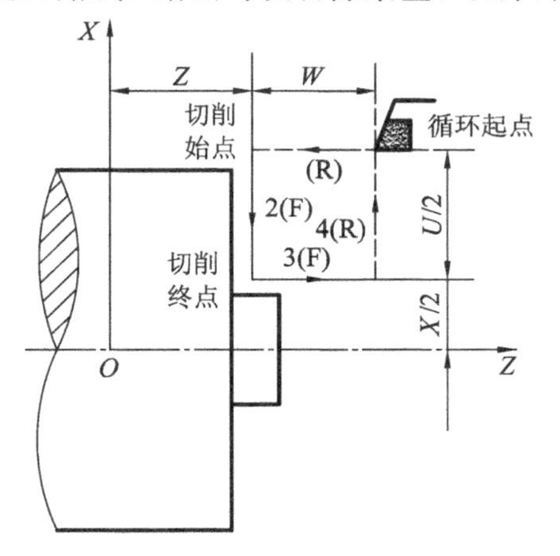

图 2-17　端面切削循环

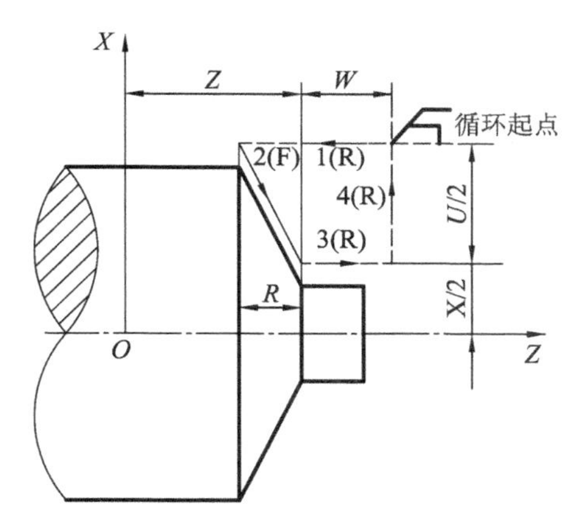

图 2-18　带锥度的端面切削

1）外圆粗车循环指令 G71

该指令适用于切除棒料毛坯的大部分加工余量。图 2-19 所示为 G71 指令粗车外圆的刀具走刀路线图。图中 C 点为起刀点，A 点是毛坯外径与端面轮廓的交点。

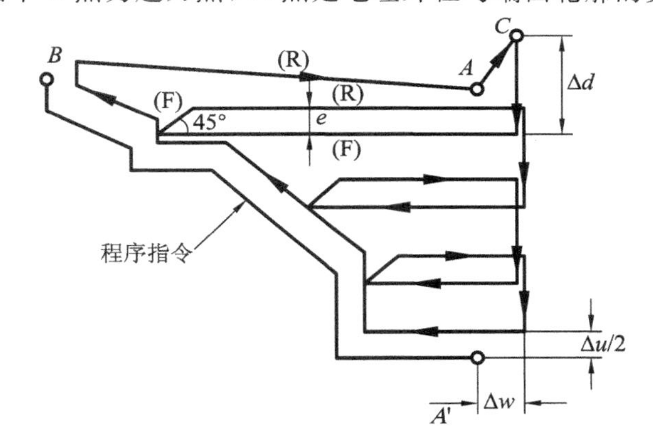

图 2-19　外圆粗车循环

其指令格式为：

G71 U (Δd) R (e)；

G71 P (ns) Q (nf) U(Δu) W (Δw) F __ S __ T __；

其中：Δd 为每次径向吃刀深度(半径给定)；

e 为径向退刀量(半径给定)；

ns 为循环中的第一个程序号；

nf 为循环中的最后一个程序号；

Δu 为径向 X 的余量；

Δw 为轴向 Z 的余量。

2）端面粗车循环指令 G72

该指令适用于圆柱棒料毛坯端面方向粗车，从外径方向往轴心方向车削端面循环。如图 2-20 所示为 G72 粗车端面的走刀路线。图中 C 点为起刀点，A 点是毛坯外径与端面轮廓的交点。

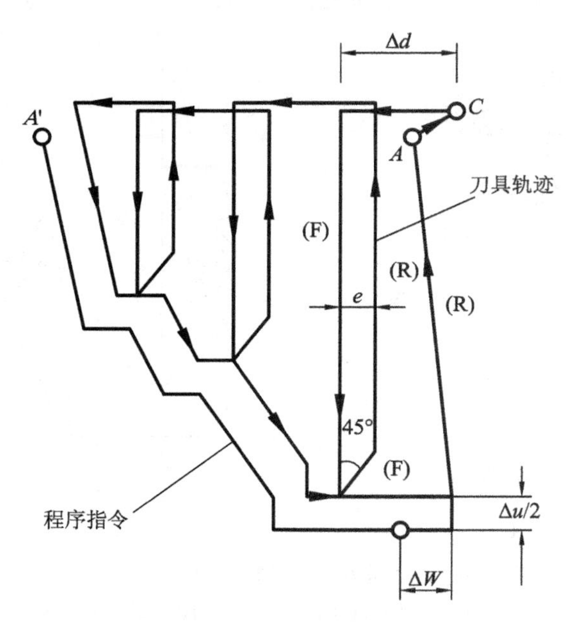

图 2-20　端面粗车循环

其指令格式为：

G72 W (Δd) R (e)；

G72 P (ns) Q (nf) U (Δu) W (Δw) F __ S __ T __；

其中：Δd 为每次轴向吃刀深度；

e 为轴向退刀量；

ns 为循环中的第一个程序号；

nf 为循环中的最后一个程序号；

Δu 为径向 *X* 的余量；

Δw 为轴向 *Z* 的余量。

3）固定形状粗车循环指令 G73

该指令适用于毛坯轮廓形状与零件轮廓形状基本接近的铸、锻毛坯。其走刀路线如图 2-21 所示。执行 G73 功能时，每一刀的切削路线的轨迹形状是相同的，只是位置不同。每走完一刀，就把切削轨迹向工件吃刀方向移动一个位置，这样就可以将铸、锻件待加工表面的切削余量分层均匀地予以加工。

其指令格式为：

G73 U (Δi) W (Δk) R (d)

G73 P (ns) Q (nf) U (Δu) W (Δw) F __ S __ T __；

其中：Δi 为 *X* 方向退刀量；

Δk 为 *Z* 方向退刀量；

d 为分刀数；

ns 为循环中的第一个程序号；

nf 为循环中的最后一个程序号；

Δu 为径向 X 的余量；

Δw 为轴向 Z 的余量。

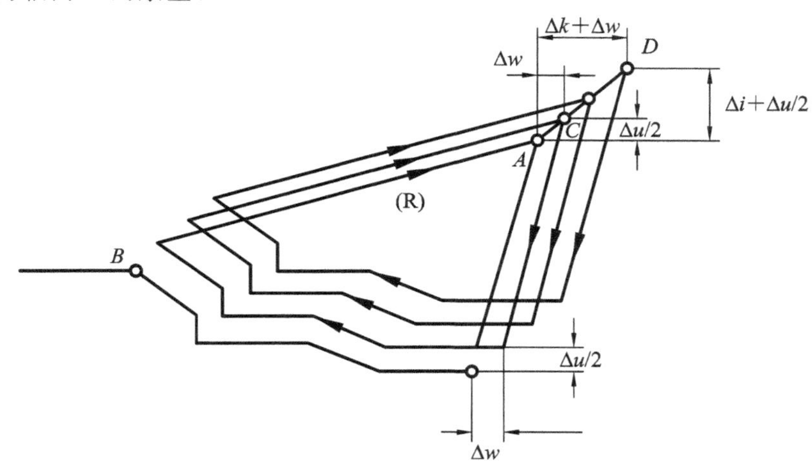

图 2-21　固定形状粗车循环

4) 精车循环指令 G70

当用 G71、G72、G73 粗车工件后，用 G70 来指定精车循环，切除粗加工的余量，实现精加工。

其指令格式为：

G70 P(ns)Q(nf)

其中：ns 为精车加工循环的第一个程序段号；

nf 为精车加工循环中的最后一个程序段号。

在(ns)至(nf)程序中指定的 F、S、T 对精车循环 G70 有效，但对 G71、G72、G73 无效；如果(ns)至(nf)精车加工程序中不指定 F、S、T，则粗车循环中指定 F、S、T 有效。当 G70 精车循环结束时，刀具返回到起点。

3. 螺纹切削循环

螺纹切削循环分为单一螺纹循环和螺纹切削复合循环。

1) 圆柱螺纹切削循环指令 G92

其指令格式为：

G92 X(U)__Z(W)__F__；

如图 2-22 所示，刀具从循环起点开始，按 A、B、C、D 进行自动循环，最后又回到循环起点 A。图中虚线表示快速移动，实线表示按 F 指定的工作进给速度移动。X、Z 为螺纹终点(C 点)的坐标值；U、W 为螺纹终点坐标相对于螺纹起点的增量坐标。

2) 圆锥螺纹切削循环指令 G92

其指令格式为：

G92 X(U)__Z(W)__R__F__；

如图 2-23 所示，刀具从循环起点开始，按 A、B、C、D 进行自动循环，最后又回到循环起点 A。图中虚线表示快速移动，实线表示按 F 指定的工作进给速度移动。X、Z 为螺纹终点(C 点)的坐标值；U、W 为螺纹终点坐标相对于螺纹起点的增量坐标；R 为锥体大小端的半径差。编程时，应注意 R 的符号，锥面起点坐标大于终点坐标时 R 为正，反之为负。图示位置 R 为负。

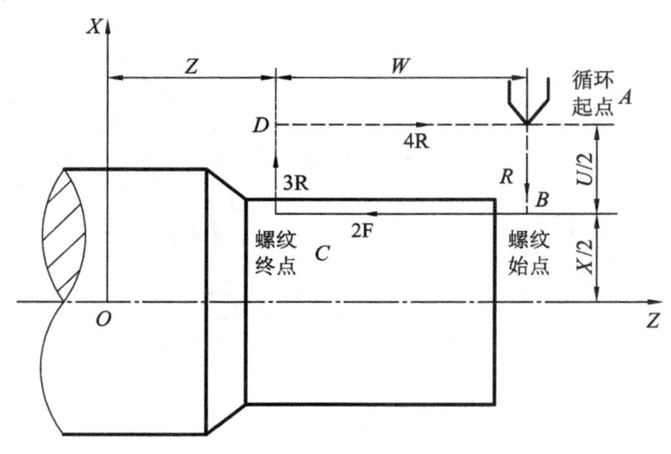

图 2-22　圆柱螺纹切削循环

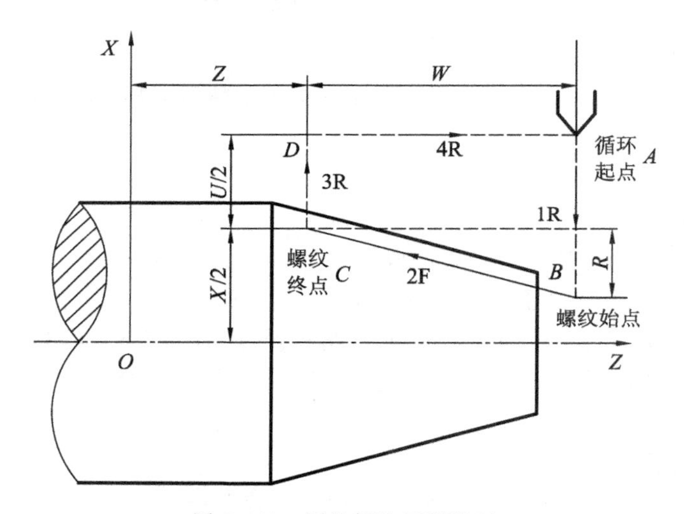

图 2-23　圆锥螺纹切削循环

3）螺纹切削复合循环指令 G76

如图 2-24 所示，刀具从循环起点开始，按图示轨迹进行自动循环，每次 Z 方向回退位置不同，由系统参数设定，如图 2-25 所示。

其指令格式为：

G76 P(m)(r)(a) Q(Δdmin) R(d)

G76 X(U)_Z(W)_R(i)_P(k)_Q(Δd)VF(L)_;

其中：X、Z 为螺纹终点坐标值；

m 为精加工重复次数，取值为 01～99；

r 为倒角量，L 为螺距，单位为 0.1 L，取值为 00～99；

a 为刀尖角度，可以选择 80，60，55，30，29 数值，代表相应的角度；

d 为加工余量；

i 为锥螺纹起点与终点的半径差，i 为零时加工圆柱螺纹；

k 为螺纹牙型高度(半径值)，取正值；

Δd 为第一刀切削深度(半径值)，取正值；

F 为螺纹螺距。

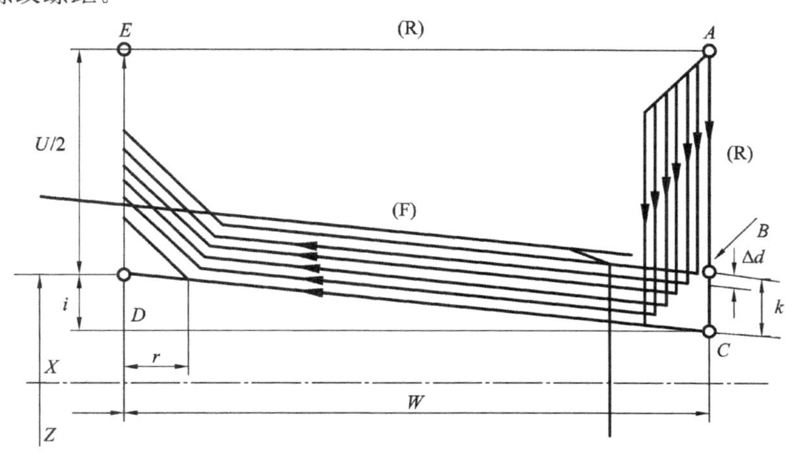

图 2-24　螺纹切削复合循环刀具轨迹

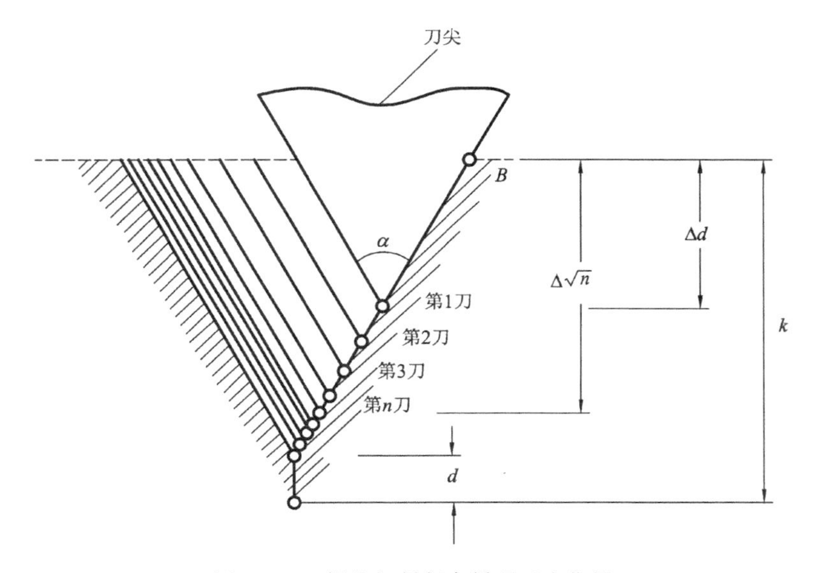

图 2-25　螺纹切削复合循环刀尖位置

实训项目三　数控车削加工提高实训

实训项目三以五个典型零件为载体，通过五个任务的实训，要求掌握多头螺纹加工的编程方法、子程序的编程方法、宏程序的编程方法以及典型综合零件的编程和加工方法，进一步巩固数控车床程序的编程方法和数控车床的对刀方法。

【学习目标】

知识目标：

(1) 掌握多头螺纹加工指令代码的格式及编程技巧。

(2) 掌握子程序编程的格式及编程技巧。

(3) 掌握宏程序的编程方法及编程技巧。

(4) 掌握典型综合零件的编程格式及编程技巧。

技能目标：

(1) 进行多头螺纹加工训练。

(2) 进行子程序的加工训练。

(3) 进行宏程序的加工训练。

(4) 进行较复杂典型综合零件的加工训练。

【工作任务】

任务一　多头螺纹加工训练。

任务二　子程序的应用加工训练。

任务三　宏程序的应用加工训练。

任务四　典型零件加工训练 1。

任务五　典型零件加工训练 2。

本项目选用工厂实际生产中的几个典型工件为载体，设计了五个不同的任务，这些都是数控车削加工的应用型训练，仍然尽量遵循前一个零件为后一个的毛坯，以节约材料。

任务一　多头螺纹加工训练

【目的要求】

(1) 进一步掌握用试切法建立工件坐标系的操作步骤(使用基准刀在 G54 工件坐标系下建立)。

(2) 掌握多头螺纹加工的编程方法。

【任务内容】

(1) 用多头螺纹加工的编程方法加工出如图 3-1 所示的零件。

(2) 安装和调整液压动力自定心三爪卡盘。

(3) 用试切法建立工件坐标系。

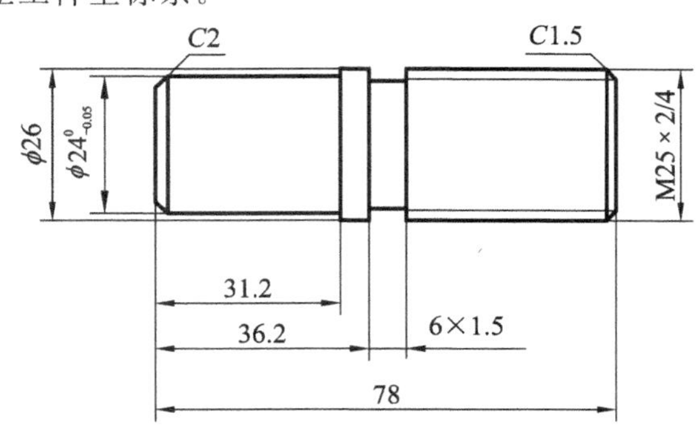

图 3-1　多头螺纹切削练习件

【任务实施】

毛坯：练习加工件 6 的成品。

刀具：90°外圆车刀 1 把，外切槽刀 1 把，60°外螺纹刀 1 把。

工艺：(1) 夹持右端完成左端加工。

(2) 夹持左端一次加工完成。

加工：(1) 编程并输入程序。

(2) 对刀并确定起点，启动程序。

参考加工程序：

```
O0001;
N10 G54 G99 G97 G00 X100 Z100;
N20 T0101 M03 S600;
N30 X36 Z1;
N40 G90 X30 Z-41.8 F0.2;
N50 X27;
N60 X25.5;
N70 G00 X19.8;
N80 G01 X24.8 Z-1.5 F0.15;
N90 Z-41.8;
N100 X27;
N110 G00 X100 Z100;
N120 T0202 M03 S350;
N130 X27 Z-41.8;
N140 G01 X22.1 F0.1;
N150 G00 X27;
N160 W2;
```

```
N170 G01 X22 F0.1;
N180 W-2;
N190 G00 X100;
N200 Z100;
N210 T0303 M03 S500;
N220 X27 Z-38.8;
N230 G92 X24.2 Z5 F2;
N240 X23.7;
N250 X23.3;
N260 X23;
N270 X22.7;
N280 X22.5;
N290 X22.3;
N300 X22.2;
N310 X24.2 Q180000;
N320 X23.7 Q180000;
N330 X23.3 Q180000;
N340 X23 Q180000;
N350 X22.7 Q180000;
N360 X22.5 Q180000;
N370 X22.3 Q180000;
N380 X22.2 Q180000;
N390 G00 X100 Z100;
N400 M05;
N410 M30;
```

任务二　子程序的应用加工训练

【目的要求】

（1）进一步掌握用试切法建立工件坐标系的操作步骤（使用基准刀在 G54 工件坐标系下建立）。

（2）掌握子程序的编程方法。

【任务内容】

（1）应用子程序的编程方法加工出图示零件。

（2）安装和调整液压动力自定心三爪卡盘。

（3）用试切法建立工件坐标系。

训练一：加工如图 3－2 所示的零件。

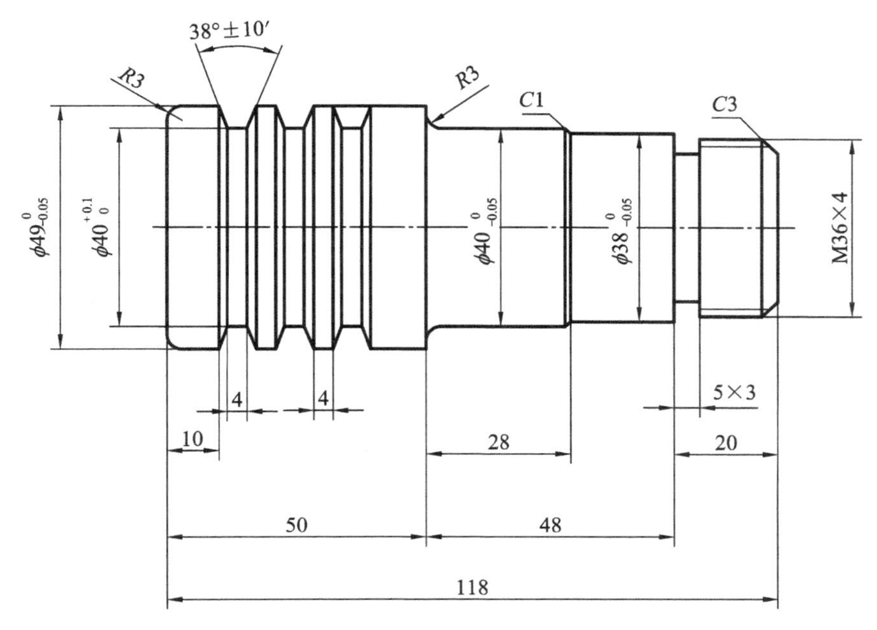

图 3-2　子程序应用练习件 1

【任务实施】

毛坯：45 钢，尺寸为 ϕ50×120。

刀具：90°外圆车刀 1 把，外切槽刀 1 把，60°外螺纹刀 1 把。

工艺：（1）夹持右端完成左端加工。

（2）夹持左端一次加工完成。

加工：（1）编程并输入程序。

（2）对刀并确定起点，启动程序。

参考加工程序：

（1）左端加工程序。

主程序：

```
O0001;
N10 G54 G99 G97 G00 X100 Z100;
N20 T0101 M03 S600;
N30 X51 Z1;
N40 G71 U1 R0.5;
N50 G71 P60 Q100 U0.5 W0.1 F0.25;
N60 G00 X43;
N70 G01 Z0 F0.15;
N80 G03 X49 Z-3 R3;
N90 G01 Z-52;
N100 X51;
```

```
N110 G70 P60 Q100 S1000;
N120 G00 X100 Z100;
N130 T0202 M03 S350;
N140 G00 X50 Z-4.5;
N150 M98 P030002;
N160 G00 X100;
N170 Z100;
N180 M05;
N190 M30;
```

子程序：

```
O0002;
N10 G00 W-11;
N20 G01 X40 F0.1;
N30 G00 X50;
N40 W1.5;
N50 G01 X49 F0.1;
N60 X40 W-1.5;
N70 G00 X50;
N80 W-1.5;
N90 G01 X49 F0.1;
N100 X40 W1.5;
N110 X50;
N120 M99;
```

（2）右端加工程序。

```
O0003;
N10 G54 G99 G97 G00 X100 Z100;
N20 T0101 M03 S600;
N30 X50 Z1;
N40 G71 U1 R0.5;
N50 G71 P60 Q140 U0.5 W0.1 F0.25;
N60 G00 X27.6;
N70 G01 X35.6 Z-3 F0.15;
N80 Z-20;
N90 X38;
N100 W-20;
N110 X40 W-1;
N120 Z-45;
N130 G02 X46 W-3 R3;
N140 G01 X50;
N150 G70 P60 Q140 S1000;
N160 G00 X100 Z100;
```

```
N170 T0202 M03 S350;
N180 X38 Z-20;
N190 G01 X30 F0.1;
N200 G04 X1;
N210 G00 X100;
N220 Z100;
N230 T0303 M03 S500;
N240 X38 Z-18;
N250 G76 P020560 Q100 R0.2;
N260 G76 X30.4 Z5 P2600 Q600 F4;
N270 G00 X100 Z100;
N280 M05;
N290 M30;
```

训练二：加工如图 3－3 所示的零件。

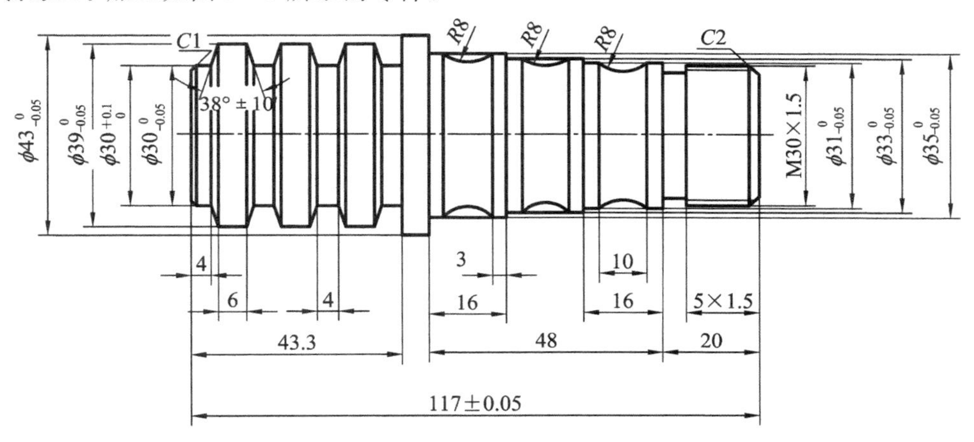

图 3－3　子程序应用练习件 2

【任务实施】

毛坯：上一练习件。

刀具：90°外圆车刀 1 把，外切槽刀 1 把，60°外螺纹刀 1 把。

工艺：（1）夹持右端完成左端加工。

（2）夹持左端一次加工完成。

加工：（1）编程并输入程序。

（2）对刀并确定起点，启动程序。

参考加工程序：

（1）左端加工程序。

主程序：

```
O0001;
N10 G54 G99 G97 G00 X100 Z100;
```

```
N20 T0101 M03 S600;
N30 X50 Z1;
N40 G71 U1 R0.5;
N50 G71 P60 Q120 U0.5 W0.1 F0.25;
N60 G00 X26;
N70 G01 X30 Z-1 F0.15;
N80 X39 W-1.5;
N90 Z-43.3;
N100 X42;
N110 X43 W-0.5;
N120 Z-52;
N130 G70 P60 Q120 S1000;
N140 G00 X100 Z100;
N150 T0202 M03 S350;
N160 G00 X41 Z-4;
N170 M98 P030002;
N180 G00 X100;
N190 Z100;
N200 M05;
N210 M30;
```

子程序：

```
O0002;
N10 G00 W-13;
N20 G01 X30 F0.1;
N30 G00 X40;
N40 W1.5;
N50 G01 X39 F0.1;
N60 X30 W-1.5;
N70 G00 X40;
N80 W-1.5;
N90 G01 X39 F0.1;
N100 X30 W1.5;
N110 G00 X40;
N120 M99;
```

(2) 右端加工程序。

主程序：

```
O0003;
N10 G54 G99 G97 G00 X100 Z100;
N20 T0101 M03 S600;
N30 X44 Z1;
N40 G71 U1 R0.5;
```

```
N50 G71 P60 Q150 U0.5 W0.1 F0.25;
N60 G00 X23.85;
N70 G01 X29.85 Z-2 F0.15;
N80 Z-20;
N90 X31;
N100 W-16;
N110 X33;
N120 W-16;
N130 X35;
N140 W-16;
N150 X44;
N160 G70 P60 Q150 S1000;
N170 G00 X32 Z-17;
N180 M98 P030004;
N190 G00 X100 Z100;
N200 T0202 M03 S350;
N210 X32 Z-20;
N220 G01 X27 F0.1;
N230 G00 X32;
N240 W1;
N250 G01 X27 F0.1;
N260 G00 X100;
N270 Z100;
N280 T0303 M03 S500;
N290 X32 Z-17.5;
N300 G92 X29.3 Z5 F1.5;
N310 X28.9;
N320 X28.6;
N330 X28.3;
N340 X28.1;
N350 X28;
N360 X27.9;
N370 X27.85;
N380 G00 X100 Z100;
N390 M05;
N400 M30;
```

子程序：

```
O0004;
N10 G00 W-6;
N20 G02 W-10 R8 F0.1;
N30 G00 W10;
```

```
N40 G01 U-1 F0.1；
N50 G02 W-10 R8；
N60 U3；
N70 M99；
```

任务三　宏程序的应用加工训练

【目的要求】

（1）进一步掌握用试切法建立工件坐标系的操作步骤（使用基准刀在 G54 工件坐标系下建立）。

（2）掌握宏程序的编程方法。

【任务内容】

（1）用宏程序的编程方法加工出如图 3－4 所示的零件。

（2）安装和调整液压动力自定心三爪卡盘。

（3）用试切法建立工件坐标系。

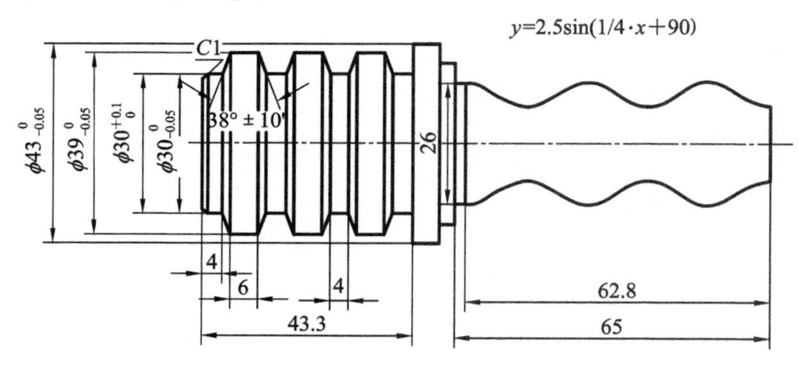

图 3－4　宏程序应用加工件

【任务实施】

毛坯：上一练习件。

刀具：90°外圆车刀 1 把，60°外螺纹刀 1 把（做仿形刀用）。

工艺：夹持左端一次加工完成。

加工：（1）编程并输入程序。

（2）对刀并确定起点，启动程序。

参考加工程序：

```
O0001；
N10 G54 G99 G97 G00 X100 Z100；
N20 T0101 M03 S600；
```

```
N30 X36 Z1;
N40 G71 U1 R0.5;
N50 G71 P60 Q90 U0.5 W0.1 F0.25;
N60 G00 X26.5;
N70 G01 Z-65 F0.15;
N80 X36
N90 G70 P60 Q90 S1000;
N100 G00 X26 Z1;
N110 #1=10;
N120 #2=4;
N130 WHILE[#1 GT 0] DO1;
N140 #1=#1-#2;
N150 #2=#2-1;
N160 #3=3600;
N170 #4=2.5*SIN[#3/4+90];
N180 #5=3.14*#3/180;
N190 G01 X[21+#1+2*#4] Z[#5-62.8] F0.15;
N200 #3=#3-1;
N210 IF[#3 GT 0] GOTO170;
N220 G00 U2;
N230 Z1;
N240 END1;
N250 G00 X100 Z100;
N260 M05;
N270 M30;
```

任务四　典型零件加工训练 1

【目的要求】

（1）进一步掌握用试切法建立工件坐标系的操作步骤（使用基准刀在 G54 工件坐标系下建立）。

（2）掌握典型零件的编程方法。

【任务内容】

（1）综合应用前面的编程方法加工出如图 3-5 所示的零件。

（2）安装和调整液压动力自定心三爪卡盘。

（3）用试切法建立工件坐标系。

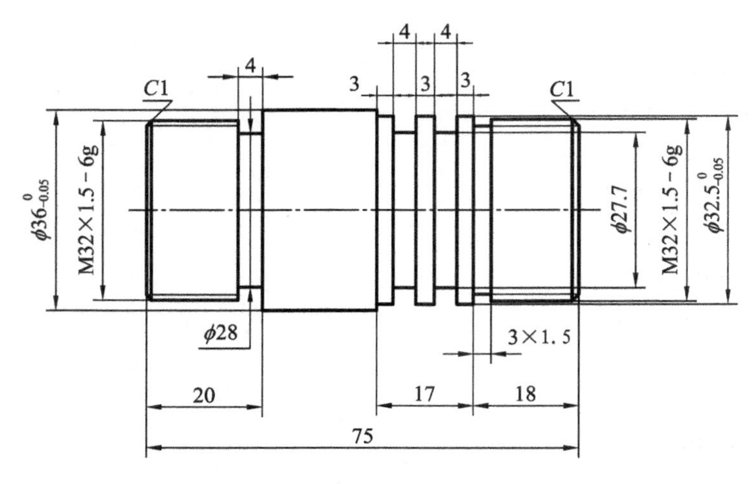

图 3－5　典型零件 1

【任务实施】

毛坯：45 钢，尺寸为 $\phi40\times78$。

刀具：90°外圆车刀 1 把，外切槽刀 1 把，60°外螺纹刀 1 把。

工艺：(1) 夹持右端完成左端加工。

　　(2) 夹持左端一次加工完成。

加工：(1) 编程并输入程序。

　　(2) 对刀并确定起点，启动程序。

参考加工程序：

(1) 左端加工程序。

```
O0001;
N10 G54 G99 G97 G00 X100 Z100;
N20 T0101 M03 S600;
N30 X39 Z1;
N40 G71 U1 R0.5;
N50 G71 P60 Q120 U0.5 W0.1 F0.25;
N60 G00 X27.85;
N70 G01 X31.85 Z-1 F0.15;
N80 Z-20;
N90 X35;
N100 X36 W-0.5;
N110 Z-42;
N120 X39;
N130 G70 P60 Q120 S1000;
N140 G00 X100 Z100;
N150 T0202 M03 S350;
```

```
N160 X37 Z-20;
N170 G01 X28 F0.1;
N180 G04 X1;
N190 G00 X100;
N200 Z100;
N210 T0303 M03 S500;
N220 X34 Z-18;
N230 G92 X31.3 Z5 F1.5;
N240 X30.9;
N250 X30.6;
N260 X30.3;
N270 X30.1;
N280 X30;
N290 X29.9;
N300 X29.85;
N310 G00 X100 Z100;
N320 M05;
N330 M30;
```

（2）右端加工程序。

```
O0002;
N10 G54 G99 G97 G00 X100 Z100;
N20 T0101 M03 S600;
N30 X39 Z1;
N40 G71 U1 R0.5;
N50 G71 P60 Q120 U0.5 W0.1 F0.25;
N60 G00 X27.85;
N70 G01 X31.85 Z-1 F0.15;
N80 Z-17.5;
N90 X32.5;
N100 Z-35;
N110 X35;
N120 X37 W-1;
N130 G70 P60 Q120 S1000;
N140 G00 X100 Z100;
N150 T0202 M03 S350;
N160 X34 Z-32;
N170 G01 X27.8 F0.1;
N180 G00 X34;
N190 W1;
N200 G01 X27.7 F0.1;
```

```
N210 W-1;
N220 G00 X34;
N230 Z-25;
N240 G01 X27.8 F0.1;
N250 G00 X34;
N260 W1;
N270 G01 X27.7 F0.1;
N280 W-1;
N290 G00 X34;
N300 Z-18;
N310 G01 X29 F0.1;
N320 G04 X1;
N330 G00 X100;
N340 Z100;
N350 T0303 M03 S500;
N360 X34 Z-17.5;
N370 G92 X31.3 Z5 F1.5;
N380 X30.9;
N390 X30.6;
N400 X30.3;
N410 X30.1;
N420 X30;
N430 X29.9;
N440 X29.85;
N450 G00 X100 Z100;
N460 M05;
N470 M30;
```

任务五　典型零件加工训练 2

【目的要求】

(1) 进一步掌握用试切法建立工件坐标系的操作步骤(使用基准刀在 G54 工件坐标系下建立)。

(2) 掌握典型零件的编程方法。

【任务内容】

(1) 综合应用前面的编程方法加工出如图 3-6 所示的零件。

(2) 安装和调整液压动力自定心三爪卡盘。

(3) 用试切法建立工件坐标系。

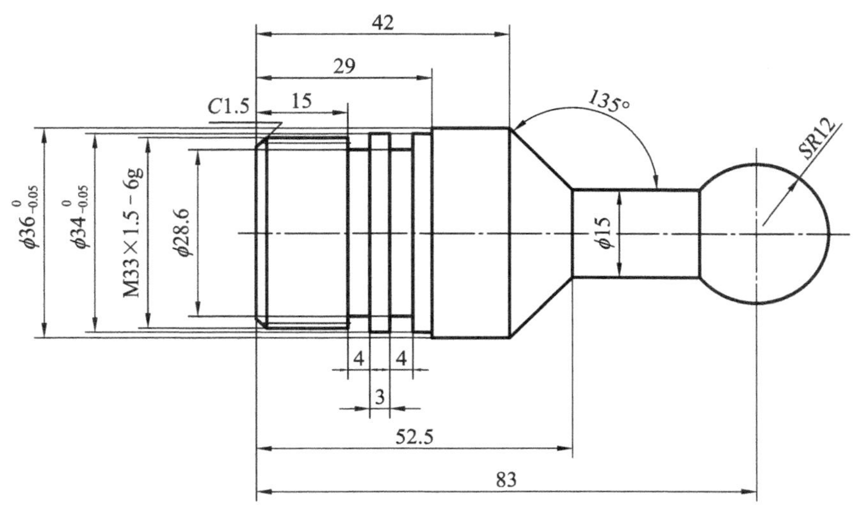

图 3-6　典型零件 2

【任务实施】

毛坯：上一练习件。

刀具：90°外圆车刀 1 把，外切槽刀 1 把，60°外螺纹刀 1 把。

工艺：(1) 夹持右端完成左端加工。

(2) 夹持左端一次加工完成。

加工：(1) 编程并输入程序。

(2) 对刀并确定起点，启动程序。

参考加工程序：

(1) 左端加工程序。

```
O0001;
N10 G54 G99 G97 G00 X100 Z100;
N20 T0101 M03 S600;
N30 X39 Z1;
N40 G71 U1 R0.5;
N50 G71 P60 Q130 U0.5 W0.1 F0.25;
N60 G00 X27.75;
N70 G01 X32.75 Z-1.5 F0.15;
N80 Z-18.5;
N90 X34;
N100 Z-29;
N110 X36;
N120 Z-44;
N130 X39;
N140 G70 P60 Q130 S1000;
```

N150 G00 X100 Z100；
N160 T0202 M03 S350；
N170 X35 Z-19；
N180 G01 X28.6 F0.1；
N190 G04 X1；
N200 G00 X35；
N210 Z-26；
N220 G01 X28.6 F0.1；
N230 G04 X1；
N240 G00 X100；
N250 Z100；
N260 T0303 M03 S500；
N270 X35Z-17；
N280 G92 X32.3 Z5 F1.5；
N290 X31.9；
N300 X31.6；
N310 X31.3；
N320 X31.1；
N330 X31；
N340 X30.9；
N350 X30.85；
N360 G00 X100 Z100；
N370 M05；
N380 M30；

（2）右端加工程序。

O0002；
N10 G54 G99 G97 G00 X100 Z100；
N20 T0101 M03 S600；
N30 X60 Z1；
N40 G73 U12 R12；
N50 G73 P60 Q100 U0. 5 F0.25；
N60 G00 X0；
N70 G01 Z0 F0.15；
N80 G03 X15 Z-21.367 R12；
N90 G01 Z-30.5；
N100 X37 W-11；
N110 G70 P60 Q100 S1000；
N120 G00 X100 Z100；
N130 M05；
N140 M30；

相关知识

3.1　数控车削刀具

3.1.1　刀具材料

刀具材料一般是指刀具切削部分的材料，其性能的优劣是影响加工表面质量、切削效率、刀具寿命的重要因素。研究应用新型刀具材料不但能有效地提高生产率、加工表面质量和经济效益，而且是解决某些难加工材料工艺的关键。

1. 刀具材料必须具备的性能

(1) 高的硬度和耐磨性。刀具要从工件上切除多余的金属，其硬度必须大于工件材料的硬度。一般情况下，刀具材料的常温硬度应超过 60 HRC(洛氏硬度)。耐磨性与硬度有密切的关系，硬度越高，均匀分布的细化碳化物越多，则耐磨性就越好。

(2) 足够的强度和韧性。刀具切削时要承受很大的压力，同时还会出现冲击和振动，为避免崩刃和折断现象，刀具材料必须具有足够的强度和韧性。

(3) 较高的热硬性(红硬性)。热硬性是指刀具材料在高温下保持硬度、耐磨性、强度和韧性的能力，高温下硬度越高则热硬性就越好。

(4) 良好的导热性。刀具材料的导热性表示它传导切削热的能力。导热性越好，切削热就越容易传出。良好的导热性有利于降低切削温度和提高刀具寿命。

(5) 良好的工艺性。为了使刀具便于制造，刀具材料应具有容易锻造和切削、焊接牢固、热处理变形小、刃磨方便等工艺性能。

(6) 较好的经济性。刀具材料的经济性指取材资源丰富、价格低廉，可最大限度地降低生产成本。

在实际生产中，刀具材料不可能同时具备上述性能要求，选用者应根据具体工件材料的性能和切削要求，抓住性能要求的主要方面，其他只要影响不大就可以了。

2. 常用刀具材料

1) 高速钢

高速钢是在钢中加入较多的钨、钼、铬、钒等合金元素的高合金工具钢。在热处理过程中，一部分钨和铁、铬一起与碳形成高硬度的碳化物，可提高钢的耐磨性；另一部分钨熔于基体中，可增加钢的高温硬度。钼的作用与钨基本相同，能减少钢中碳化物的不均匀性，细化碳化物颗粒，提高钢的韧性。钒的作用主要是提高材料的耐磨性，但其含量不宜超过 5%。

高速钢具有较高的抗弯强度和韧性，具有一定的硬度和良好的耐磨性，当切削温度在 500 ℃～650 ℃时仍能保持其切削性能。它具有较好的工艺性，可以制造刃形复杂的刀具，如钻头、丝锥、成型刀具、拉刀和齿轮刀具等。高速钢刀具可加工的材料范围很广，对有色金属、铸铁、碳钢和合金钢等材料都有较好的切削效果。

高速钢按其用途可分为通用型高速钢、高性能高速钢和粉末冶金高速钢三大类。

(1) 通用型高速钢。通用型高速钢应用广泛，约占高速钢总量的 75%，其特点是工艺性好，能满足通用工程材料切削加工的要求，常用的种类有钨系高速钢、钼系高速钢。

(2) 高性能高速钢。高性能高速钢是指在通用型高速钢中增加碳、钒、钴或铝等合金元素，进一步提高其耐磨性和耐热性的新型高速钢。此类高速钢主要用于高温合金、钛合金、不锈钢等难加工材料的切削加工。常见的高性能高速钢主要有四种：高碳高速钢、高钒高速钢、钴高速钢和铝高速钢。

(3) 粉末冶金高速钢。粉末冶金高速钢是把炼好的高速钢钢液置于保护气罐中，用高压氢气(或纯氮气)雾化成细小的粉末，高速冷却后获得细小而均匀的结晶组织，经过高温(约1100 ℃)、高压(约 100 MPa)将粉末压制成致密的钢坯，然后用一般方法轧制和锻造成材。

2) 硬质合金

(1) 硬质合金的组成与性能特点。硬质合金是由高硬度、高熔点的金属碳化物(碳化钨 WC 、碳化钛 TiC 、碳化钽 TaC 或碳化铌 NbC)微粒和金属黏结剂(钴 Co 或镍 Ni、钼 Mo 等)，经过高压压制成型，并在 1500 ℃ 左右的高温下烧结而成的。

由于碳化物 WC、TiC 等的硬度、熔点很高，所以硬质合金的硬度很高，一般为 89 HRA～94 HRA (71 HRC～76 HRC)，在 800 ℃～1000 ℃的高温下仍能保持良好的切削能力，其耐磨性好。但硬质合金性脆、韧性差，不能承受振动及冲击，刃口不锋利，导热性和可磨削性差，不适于制造刃形复杂的刀具。

(2) 硬质合金的种类。硬质合金按其基体元素的不同分为两大类：一类是碳化钨基硬质合金；另一类是碳化钛基硬质合金。

碳化钨基硬质合金可分为以下四种类型：

① 钨钴类(YG)硬质合金。钨钴类硬质合金是由碳化钨和钴构成的，常用的牌号有 YG3、YG6、YG8 等。钨钴类硬质合金牌号中，含 Co 量越多，其韧性就越大，抗弯强度就越高，但其硬度和热硬性下降。钨钴类硬质合金与钢的黏结温度较低，故适用于切削铸铁、有色金属及其合金，以及非金属材料和含 Ti 元素的不锈钢等工件材料。粗加工时应选用含 Co 量高的；精加工时应选用含 Co 量少的。

② 钨钛钴类(YT)硬质合金。钨钛钴类硬质合金是由碳化钨、碳化钛和钴构成的，常用牌号有 YT5、YT14、YT15、YT30 等。钨钛钴类硬质合金牌号中，随着含 TiC 量的增多，其韧性和抗弯强度下降，硬度增高。通常情况下，钨钛钴类硬质合金适宜于加工塑性材料。粗加工时应选用含 TiC 量少的；精加工时应选用含 TiC 量高的。

③ 钨钴钽类(YA)硬质合金。钨钴钽类硬质合金是由碳化钨、碳化钽(碳化铌)和钴构成的。它有较高的常温硬度和耐磨性以及较好的高温硬度、高温强度和抗氧化能力。

④ 钨钛钴钽类(YW)硬质合金。钨钛钴钽类硬质合金是由碳化钨、碳化钛、碳化钽(碳化铌)和钴构成的。它是一种既能加工钢，又能加工铸铁和有色金属及其合金的、通用性较好的刀具材料，常用的牌号有 YW1、YW2。

3) 表面涂层硬质合金

表面涂层硬质合金是一种新型刀具材料，它是采用韧性较好的基体(如 YG8 、YT5 等)，通过化学气相沉积(CVD)工艺，在硬质合金刀片表面涂覆一层或多层厚度为 5 μm～13 μm 的难熔金属碳化物而形成的。表面涂层硬质合金具有较好的综合性能，基体韧性较好，表面耐磨、耐高温。在相同刀具寿命的前提下，可提高切削速度 25%～30%。但表面涂层硬质合金刃口锋利程度与抗崩刃性不及普通合金，因此，它多用于普通钢材的精加工或半精加工。

3. 其他刀具材料简介

1）陶瓷

陶瓷刀具是以氧化铝(Al_2O_3)或以氮化硅(Si_3N_4)为基体再添加少量金属，在高温下烧结而成的一种刀具材料。其主要特点是：

(1) 具有高的硬度和耐磨性，常温硬度达 91 HRA～ 95 HRA ，可用于切削 60 HRC 以上的硬材料。

(2) 具有较高的热硬性，1200 ℃下的硬度为 80 HRA，而强度和韧性降低较少。

(3) 具有较高的化学稳定性，在高温下仍有较好的抗氧化、抗黏结性能。

(4) 具有较低的摩擦系数，切屑不易黏刀和产生积屑瘤。

(5) 强度和韧性低，承受冲击载荷的能力差。

(6) 热导率低，抗热冲击性能差。

陶瓷刀具一般适用于在高速下精细加工硬材料，如冷硬铸铁、淬硬钢等，有的陶瓷刀具也可进行断续切削。

2）金刚石

金刚石是碳的同素异形体，是目前最硬的物质，显微硬度达 10 000 HV(维氏硬度)。金刚石刀具有三种：

(1) 天然单晶金刚石刀具。天然单晶金刚石结晶界面有一定的方向，不同的晶面上硬度与耐磨性有较大的差异，刃磨时需选定某一平面，否则会影响刃磨质量。天然单晶金刚石价格昂贵，主要用于有色金属和非金属的精密加工。

(2) 人造聚晶金刚石刀具。人造金刚石是通过合金触媒的作用，在高温高压下由石墨转化而成的。聚晶金刚石结晶界面无固定方向，可以自由刃磨。

(3) 复合金刚石刀片。它是在硬质合金基体上烧结一层约 0.5 mm 厚的聚晶金刚石。复合金刚石刀片强度好，允许切削断面较大，能进行间断切削，还可多次重磨使用。

金刚石刀具的主要优点是：有极高的硬度与耐磨性；有很好的导热性和较低的线膨胀系数；刃口可以刃磨得非常锋利，能胜任微量切削和超精密加工。金刚石刀具的耐热温度只有 700℃～800℃ ，适用于有色金属的精加工和超精加工以及高硬度非金属材料和难加工复合材料的精加工；不易加工含碳的黑色金属。

3）立方氮化硼刀具

立方氮化硼是由六方氮化硼(白石墨)在高温高压下转化而成的。它的主要优点是：具有很高的硬度和耐磨性，硬度可达 8000 HV～9000 HV，仅次于金刚石；具有很好的热稳定性，在 1300℃ 时不发生氧化，与大多数金属不起化学作用；有良好的导热性，与钢铁的摩擦系数较小。立方氮化硼刀具能对淬硬钢、冷铸铁进行粗加工和半精加工，还能高速切削高温合金、热喷涂材料等难加工材料。

以上各刀具材料的硬度和韧性对比如图 3－7 所示。其中，理想的刀具材料是指既具有较高的硬度，又具有较好的韧性的刀具材料。

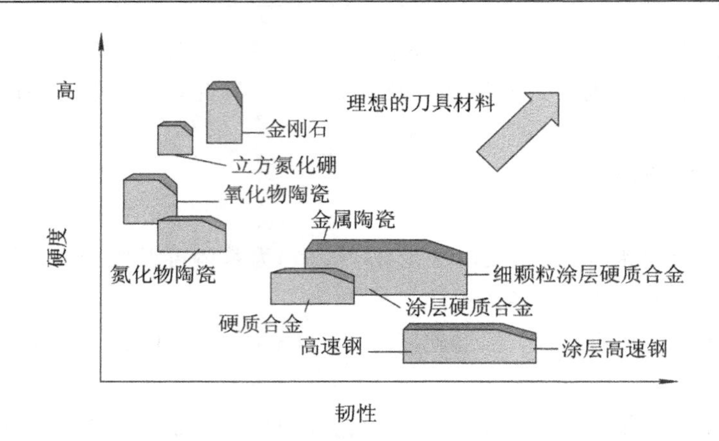

图 3-7　不同刀具材料的硬度和韧性对比

3.1.2　数控车床刀具结构与刃磨

1. 数控车削刀具的特点

为了适应数控车床加工精度高、加工效率高、加工工序集中及零件装夹次数少等要求，数控车床对所用的刀具有许多性能上的要求。与普通车床的刀具相比，数控车床刀具及刀具系统具有以下特点：

(1) 刀片或刀具通用化、规则化、系列化。

(2) 刀片或刀具几何参数和切削参数规范化、典型化。

(3) 刀片或刀具材料及切削参数必须与被加工工件的材料相匹配。

(4) 刀片或刀具的使用寿命高，加工刚性好。

(5) 刀片在刀杆中的定位基准精度高。

(6) 刀杆必须有较高的强度、刚度和耐磨性。

2. 数控车削刀具的分类

1) 根据加工用途分类

车床主要用于回转表面的加工，如圆柱面、圆锥面、圆弧面、螺纹、切槽等切削加工。因此，数控车床用刀具可分为外圆车刀、内孔车刀、螺纹车刀、切槽刀等种类。

2) 根据刀尖形状分类

数控车刀按刀尖的形状一般分成三类，即尖形车刀、圆弧形车刀和成型车刀，如图3-8所示。

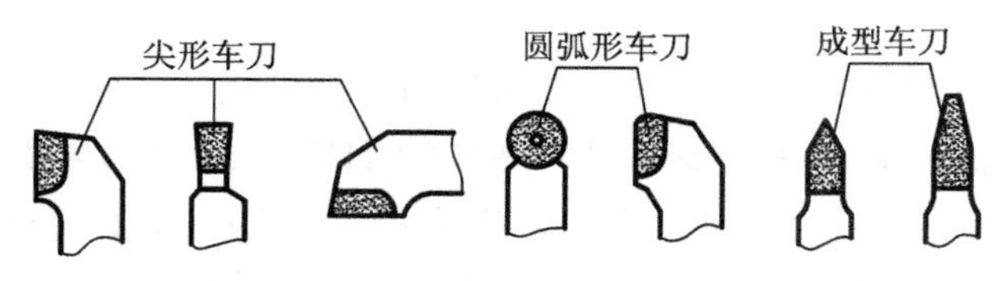

图 3-8　车刀刀尖种类

(1) 尖形车刀。以直线形切削刃为特征的车刀一般称为尖形车刀。这类车刀的刀尖(刀位点)由直线形的主副切削刃相交而成，常用的这类车刀有端面车刀、切断刀、90°内外圆车刀等。尖形车刀主要用于车削内外轮廓、直线沟槽等。

(2) 圆弧形车刀。构成圆弧形车刀的主切削刃形状为一段圆度误差或线轮廓度误差很小的圆弧。车刀圆弧刃上的每一点都是刀具的切削点，因此，车刀的刀位点不在圆弧刃上，而在该圆弧刃的圆心上。

圆弧形车刀主要用于加工有光滑连接的成型表面及精度、表面质量要求高的表面，如精度要求高的内外圆弧面及尺寸精度要求高的内外圆锥面等。由尖形车刀自然或经修磨而成的圆弧刃车刀也属于这一类。

(3) 成型车刀。成型车刀俗称样板车刀，其加工零件的轮廓形状完全由车刀的切削刃形状和尺寸决定。常用的这类车刀有小半径圆弧车刀、非矩形车槽刀、螺纹车刀等。

3) 根据车刀结构分类

根据车刀的结构，数控车刀又可分为整体式车刀、焊接式车刀和机械夹固式车刀三类。

(1) 整体式车刀。整体式车刀(见图 3-9(a))主要指整体式高速钢车刀，通常用于小型车刀、螺纹车刀和形状复杂的成型车刀。这种车刀具有抗弯强度高、冲击韧度好、制造简单和刃磨方便、刃口锋利等优点。

(2) 焊接式车刀。焊接式车刀(见图 3-9(b))是将硬质合金刀片用焊接的方法固定在刀体上，经刃磨而成的。这种车刀结构简单，制造方便，刚性较好，但是焊接车刀存在焊接应力，其抗弯强度低、冲击韧度差，切削刃不如高速钢车刀锋利，不易制作复杂刀具。

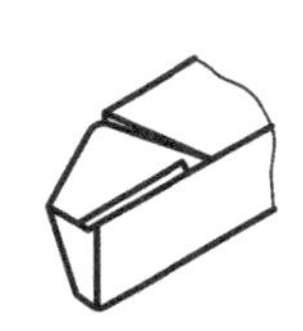

(a) 整体式车刀

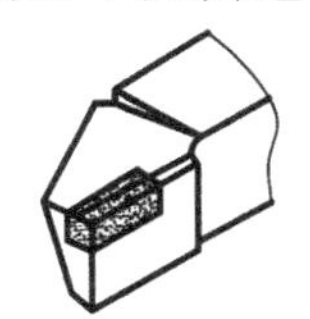

(b) 焊接式车刀

(c) 机械夹固式车刀

图 3-9　按刀具结构分类的数控车刀

(3) 机械夹固式车刀。机械夹固式车刀(见图 3-9(c))是将标准的硬质合金可换刀片通过机械夹固方式安装在刀杆上的一种车刀，是当前数控车床上使用最广泛的一种车刀。

3. 机械夹固式车刀简介

机械夹固式车刀分为机械夹固式可重磨车刀(见图 3-10(a))和机械夹固式不重磨车刀(见图 3-10(b))。

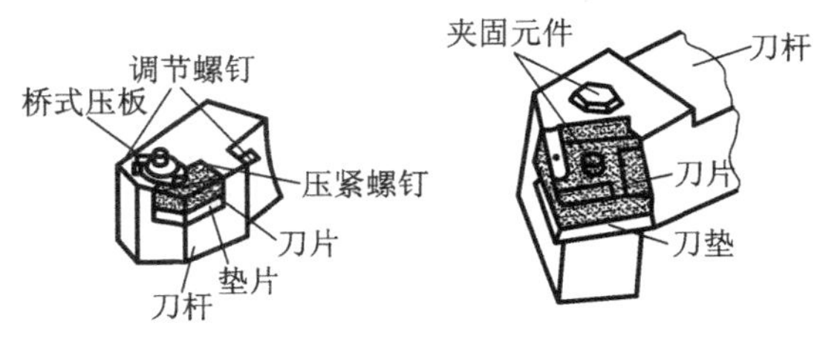

(a) 机械夹固式可重磨车刀　　(b) 机械夹固式不重磨车刀

图 3-10　机械夹固式车刀

1）机械夹固式可重磨车刀

机械夹固式可重磨车刀将普通硬质合金刀片用机械夹固的方法安装在刀杆上。刀片用钝后可以修磨，修磨后，通过调节螺钉把刃口调整到适当位置，压紧后便可继续使用。

2）机械夹固式不重磨（可转位）车刀

机械夹固式不重磨（可转位）车刀的刀片为多边形，有多条切削刃，当某条切削刃磨损钝化后，只需松开夹固元件，将刀片转一个位置便可继续使用。其最大优点是车刀几何角度完全由刀片保证，切削性能稳定，刀杆和刀片已标准化，加工质量好。

选用机夹式可转位刀片，首先要了解可转位刀片型号表示规则、各代码的含义。按国际标准 ISO1832－1985 可转位刀片的代码表示方法是由 10 位字符串组成的，其排列如图 3－11所示。其中每一位字符串代表刀片某种参数的意义：1—刀片的几何形状及其夹角；2—刀片主切削刃后角（法后角）；3—刀片尺寸精度；4—刀片形式、紧固方法或断屑槽；5—刀片边长、切削刃长；6—刀片厚度；7—修光刀，刀尖圆角半径、主偏角或修光刃后角；8—切削刃状态，尖角切削刃或倒棱切削刃；9—进刀方向或倒刃宽度；10—各刀具公司的补充符号或倒刃角度。

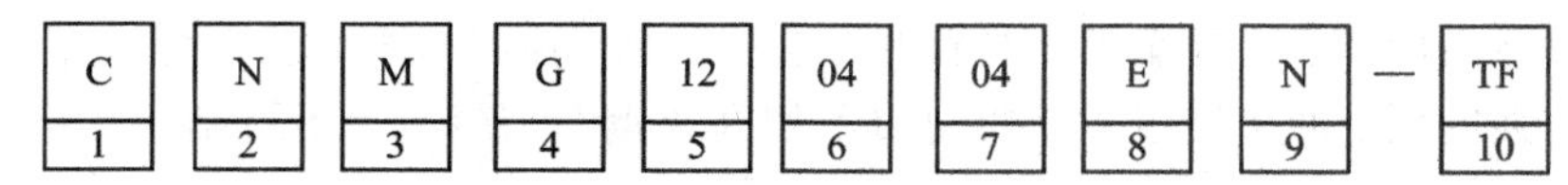

图 3－11　机夹可转位刀片型号表示方法

在一般情况下第 8 位和第 9 位的代码，在有要求时才填写。此外，各公司可以另外添加一些符号，用—将其与 ISO 代码相连接（如—PF 代表断屑槽槽型）。可转位刀片用于车削、铣削、钻削、镗削等不同的加工方式，其代码的具体内容也略有不同，每一位字符参数的具体含义可参考各公司的刀具样本，如图 3－12 所示。

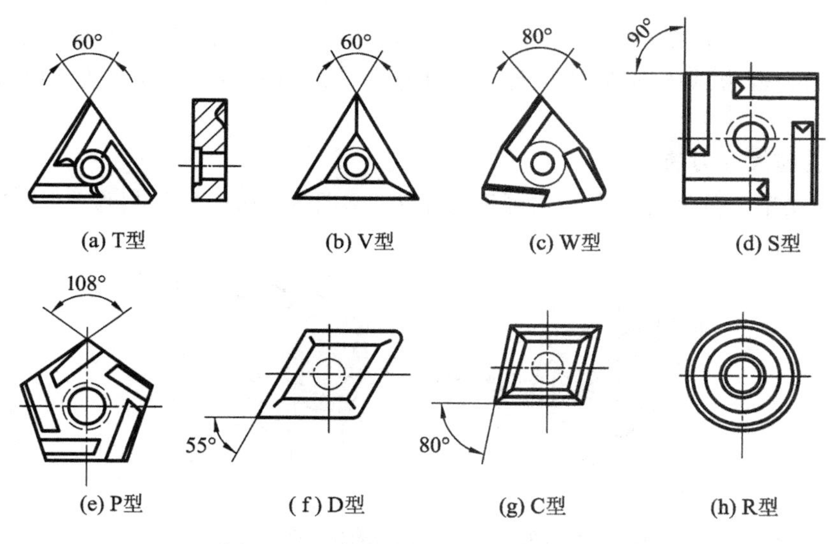

图 3－12　常用的机夹可转位刀片形状

例如车刀可转位刀片 CNMG120408ENUB 公制型号表示的含义为：C—80°菱形刀片

形状；N —法后角为 0°；M —刀尖转位尺寸允差为(±0.08 ～0.18) mm ，内接圆允差为(±0.05～±0.13) mm，厚度允差为±0.13 mm；G—圆柱孔双面断屑槽；12—内接圆直径 12 mm；04—厚度为 4.76 mm；08—刀尖圆角半径为 0.8 mm；E—倒圆刀刃；N—无切削方向；UB—半精加工。

3）可转位刀片的断屑槽槽型

为满足切削能断屑、排屑流畅、加工表面质量好、切削刃耐磨等综合性要求，可转位刀片制成各种断屑槽槽型。目前，我国标准 GB2080—87 中所表示的槽型为 V 形断屑槽，槽宽为 $V_0<1$ mm 、$V_1=1$ mm 、$V_2=2$ mm 、$V_3=3$ mm 、$V_4=4$ mm 五种。各刀具制造公司都有自己的断屑槽槽型，选择具体断屑槽代号可参考各公司的刀具样本。例如，日本三菱公司提供的根据被加工材料的不同性质及切削范围，提供最适合车削加工的断屑槽类型。

4）可转位刀片的夹紧方式

可转位刀片的刀具由刀片、定位元件、夹紧元件和刀体组成，为了使刀具能达到良好的切削性能，对刀片的夹紧方式有如下要求：

(1) 夹紧可靠，不允许刀片松动或移动。

(2) 定位准确，确保定位精度和重复精度。

(3) 排屑流畅，有足够的排屑空间。

(4) 结构简单，操作方便，制造成本低，转位动作快，换刀时间短。

刀片与刀杆的固定方式如图 3－13 所示，通常有压板式压紧、复合式压紧、螺钉式压紧和采用偏心轴销的杠杆式压紧等。

压板式压紧(见图 3－13(a))和复合式压紧(见图 3－13(b))夹紧可靠，能承受较大的切削力和冲击负载。

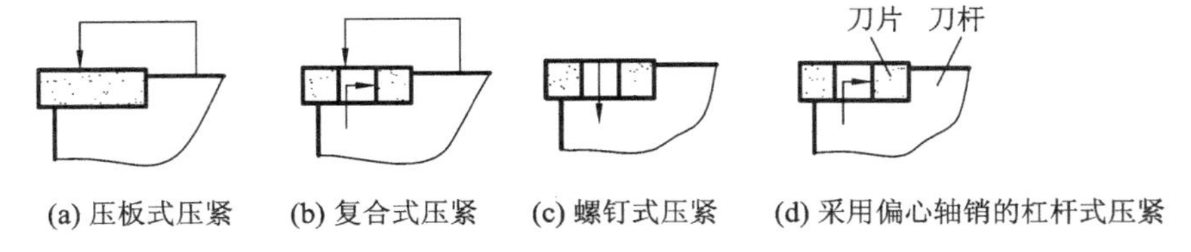

(a) 压板式压紧　(b) 复合式压紧　(c) 螺钉式压紧　(d) 采用偏心轴销的杠杆式压紧

图 3－13　刀片与刀杆的固定方式

螺钉式压紧(见图 3－13(c))和采用偏心轴销的杠杆式压紧(见图 3－13(d))配件少，结构简单，切屑流动性能好，适合于轻载的加工。

4. 常用数控车刀的刀具参数与刃磨

对于机夹可转位刀具，其刀具参数已设置成标准化参数。而对于需要刃磨的刀具，在刃磨过程中要注意保证这些刀具参数。

以硬质合金外圆精车刀为例，数控车刀的刀具角度参数如图 3－14 所示，具体角度的定义方法请参阅有关切削手册。在确定刀具参数的过程中，应考虑工件材料、硬度、切削性能、具体轮廓形状和刀具材料等诸多因素。

根据加工对象和加工要求的不同，硬质合金刀具几何角度选择也不同，以碳素钢为例，车刀的角度参数参考取值见表 3－2。

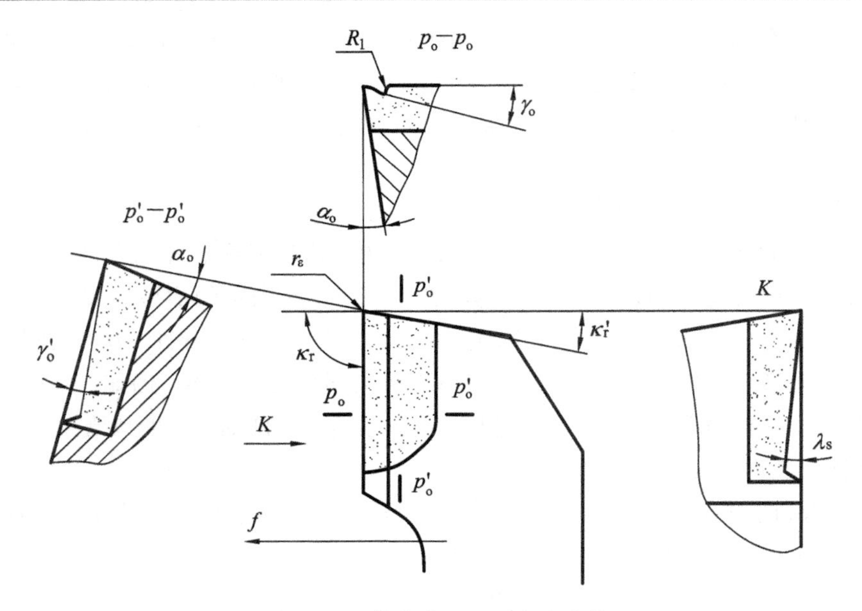

图 3-14　数控车刀刀具角度参数

表 3-2　刀具刃磨角度要求(切削碳素钢)

刀具＼角度	前角(γ_0)	后角(α_0)	副后角(α_0')	主偏角(κ_r)	副偏角(κ_r')	刃倾角(λ_s)	刀尖半径(r_ε)/mm
外圆粗车刀	0°～10°	6°～8°	1°～3°	75°左右	6°～8°	0°～3°	0.5～1
外圆精车刀	15°～30°	6°～8°	1°～3°	90°～93°	2°～6°	3°～8°	0.1～0.3
外切槽刀	15°～20°	6°～8°	1°～3°	90°	1°～1°30′	0°	0.1～0.3
三角螺纹车刀	0°	4°～6°	2°～3°	—	—	0°	0.12P
通孔车刀	15°～20°	8°～10°	磨出双重后角	60°～75°	15°～30°	－6°～－8°	1～2
不通孔车刀	15°～20°	8°～10°		90°～93°	6°～8°	0°～2°	0.5～1

3.1.3　数控车床刀具安装与调整

1. 数控车刀在数控车床刀架上的安装要求

车刀安装得正确与否，将直接影响切削能否顺利进行和工件的加工质量。安装车刀时，应注意下列几个问题：

(1) 车刀安装在刀架上，伸出部分不宜太长，伸出量一般为刀杆高度的1～1.5倍。伸出过长会使刀杆刚性变差，切削时易产生振动，影响工件的表面粗糙度。

(2) 车刀垫铁要平整，数量要少，垫铁应与刀架对齐。车刀至少要用两个螺钉压紧在刀架上，并逐个轮流拧紧。

(3) 车刀刀尖应与工件轴线等高(见图 3-15(a))，否则会因基面和切削平面的位置发生变化，而改变车刀工作时的前角和后角的数值。当车刀刀尖高于工件轴线(见图 3-15(b))时，使后角减小，增大了车刀后刀面与工件间的摩擦；当车刀刀尖低于工件轴线(见图 3-15(c))时，使前角减小，切削力增加，切削不顺利。

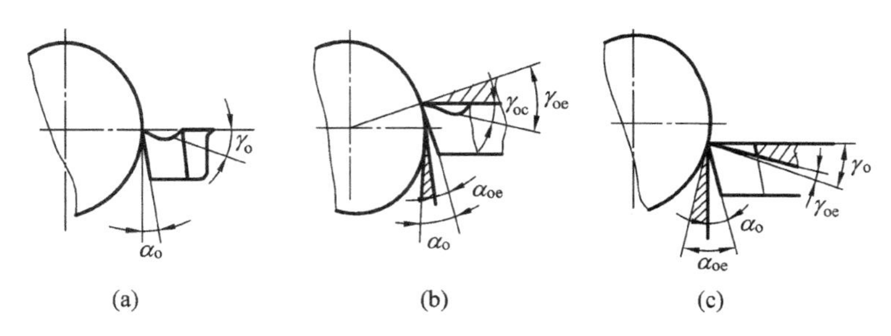

图 3-15　装刀高低对前后角的影响

车端面时，车刀刀尖高于或低于工件中心，车削后工件端面中心处留有凸头(见图 3-16(a))。使用硬质合金车刀时，如不注意这一点，车削到中心处会使刀尖崩碎(见图 3-16(b))。

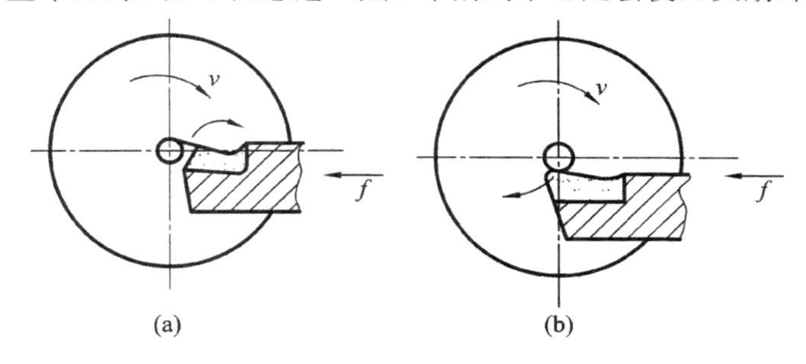

图 3-16　车刀刀尖不对准工件中心的后果

(4) 车刀刀杆中心线应与进给方向垂直，否则会使主偏角和副偏角的数值发生变化，如图 3-17 所示。如螺纹车刀安装歪斜，会使螺纹牙型半角产生误差。

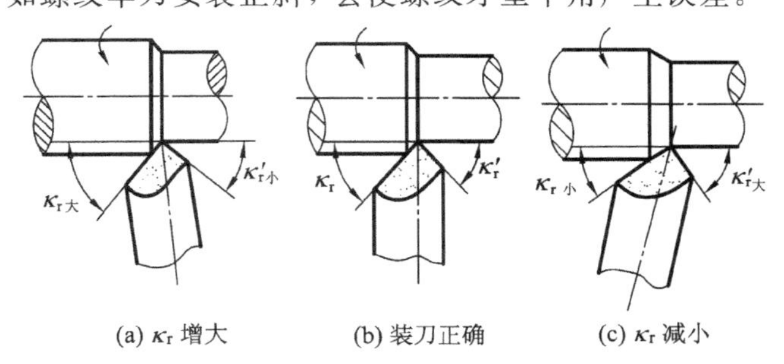

图 3-17　车刀装偏对主偏角的影响

2. 切削用量的选用

所谓切削用量，是指切削速度、进给速度(进给量)和背吃刀量三者的总称。

1) 切削用量的选用原则

合理的切削用量是指充分利用刀具的切削性能和机床性能，在保证加工质量的前提下，获得高生产率和低加工成本的切削用量。不同的加工性质，对切削加工的要求是不一样的。因此，在选择切削用量时，考虑的侧重点也应有所区别。

粗加工时，应根据刀具的切削性能和机床性能选择切削用量；精加工时，应根据零件的加工精度和表面质量来选择切削用量。

粗加工时，选择切削用量时应首先选取尽可能大的背吃刀量 a_p；其次根据机床动力和刚性的限制条件，选取尽可能大的进给量 f；最后根据刀具使用寿命要求，确定合适的切

削速度 v_c。

精加工时，首先根据粗加工的余量确定背吃刀量 a_p；其次根据已加工表面的粗糙度要求，选取合适的进给量 f；最后在保证刀具使用寿命的前提下，尽可能选取较高的切削速度 v_c。

2）切削用量的选取方法

（1）背吃刀量的选择。粗加工时，除留下精加工余量外，一次走刀尽可能切除全部余量。在加工余量过大、工艺系统刚性较低、机床功率不足、刀具强度不够等情况下，可分多次走刀。切削表面有硬皮的铸锻件时，应尽量使 a_p 大于硬皮层的厚度，以保护刀尖。精加工的加工余量一般较小，可一次切除。

在中等功率机床上，粗加工的背吃刀量可达 8 mm～10 mm；半精加工的背吃刀量取 0.5 mm～5 mm；精加工的背吃刀量取 0.2 mm～1.5 mm。

（2）进给速度（进给量）的确定。进给速度是数控机床切削用量中的重要参数，主要根据零件的加工精度和表面粗糙度要求以及刀具、工件的材料性质选取，最大进给速度受机床刚度和进给系统的性能限制。

粗加工时，由于对工件的表面质量没有太高的要求，这时主要根据机床进给机构的强度和刚性、刀杆的强度和刚性、刀具材料、刀杆和工件尺寸以及已选定的背吃刀量等因素来选取进给速度。精加工时，则按表面粗糙度要求、刀具及工件材料等因素来选取进给速度。

（3）切削速度的确定。切削速度 v_c 可根据已经选定的背吃刀量、进给量及刀具使用寿命进行选取。实际加工过程中，也可根据生产实践经验和查表的方法来选取。粗加工或工件材料的加工性能较差时，宜选用较低的切削速度。精加工或刀具材料、工件材料的切削性能较好时，宜选用较高的切削速度。切削速度 v_c 确定后，可根据刀具或工件直径（D）按公式 $n=1000v_c/(\pi D)$ 来确定主轴转速 n（r/min）。

3）硬质合金刀具切削用量选择推荐表

在工厂的实际生产过程中，切削用量一般根据经验并通过查表的方式来进行选取。常用硬质合金或涂层硬质合金切削不同材料时的切削用量推荐值见表 3-3。

表 3-3　硬质合金或涂层硬质合金刀具切削用量的推荐值

刀具材料	工件材料	粗加工			精加工		
		切削速度/(m/min)	进给量/(mm/r)	背吃刀量/mm	切削速度/(m/min)	进给量/(mm/r)	背吃刀量/mm
硬质合金或涂层硬质合金	碳钢	220	0.2	3	260	0.1	0.4
	低合金钢	180	0.2	3	220	0.1	0.4
	高合金钢	120	0.2	3	160	0.1	0.4
	铸铁	80	0.2	3	140	0.1	0.4
	不锈钢	80	0.2	2	120	0.1	0.4
	钛合金	40	0.2	1.5	60	0.1	0.4
	灰铸铁	120	0.3	2	150	0.15	0.5
	球墨铸铁	100	0.3	2	120	0.15	0.5
	铝合金	1600	0.2	1.5	1600	0.1	0.5

3.2　数控车削加工工艺

3.2.1　数控车削加工特点

1. 数控加工概述

1）数控加工的定义

数控加工是指在数控机床上进行自动加工零件的一种工艺方法。数控加工的实质是：数控机床按照事先编制好的加工程序并通过数字控制过程，自动地对零件进行加工。

2）数控加工的内容

一般来说，数控加工流程如图 3-18 所示，主要包括以下几方面的内容：

（1）分析图样，确定加工方案。对所要加工的零件进行技术要求分析，选择合适的加工方案，再根据加工方案选择合适的数控加工机床。

（2）工件的定位与装夹。根据零件的加工要求，选择合理的定位基准，并根据零件批量、精度及加工成本选择合适的夹具，完成工件的装夹与找正。

（3）刀具的选择与安装。根据零件的加工工艺性与结构工艺性，选择合适的刀具材料与刀具种类，完成刀具的安装与对刀，并将对刀所得参数正确地设定在数控系统中。

（4）编制数控加工程序。根据零件的加工要求，对零件进行编程，并经初步校验后将这些程序通过控制介质或手动方式输入机床数控系统。

（5）试切削、试运行并校验数控加工程序。对所输入的程序进行试运行，并进行首件的试切削。试切削一方面用来对加工程序进行最后的校验，另一方面用来校验工件的加工精度。

（6）数控加工。当试切的首件经检验合格并确认加工程序正确无误后，便可进入数控加工阶段。

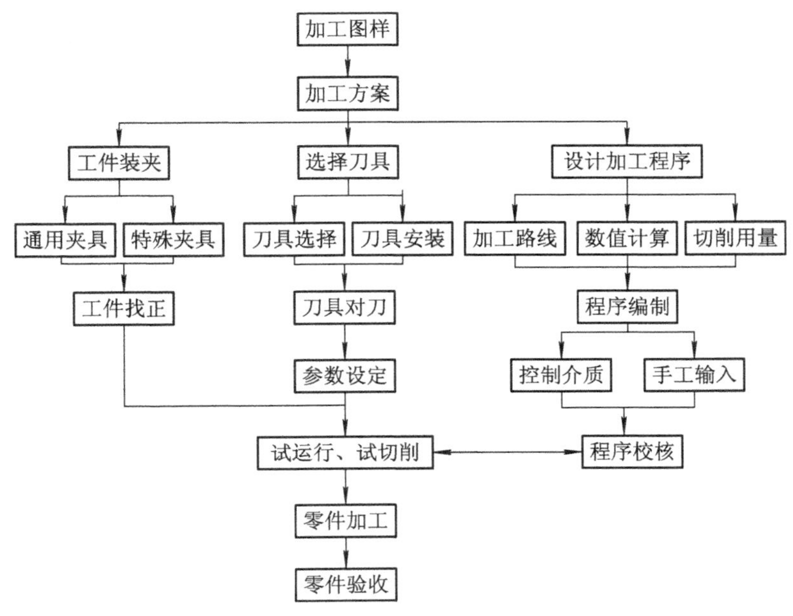

图 3-18　数控加工流程图

（7）工件的验收与质量误差分析。在工件入库前，应先进行工件的检验，并通过质量分析，找出误差产生的原因，得出纠正误差的方法。

2. 数控车削加工零件的类型

数控车床车削的主运动是工件装卡在主轴上的旋转运动，进给运动是刀具在平面内的运动，加工的类型主要是回转体零件。回转体零件分为轴套类和轮盘类。轴套类和轮盘类零件的区分在于长径比，一般将长径比大于1的零件视为轴套类零件，长径比小于1的零件视为轮盘类零件。

1）轴套类零件

轴套类零件的长度大于直径，加工表面大多是内、外圆周面。圆周面轮廓可以是与Z轴平行的直线，切削形成台阶轴，轴上可有螺纹和退刀槽等；也可以是斜线，切削形成锥面或锥螺纹；还可以是圆弧或曲线，切削形成曲面。

2）轮盘类零件

轮盘类零件的直径大于长度，加工表面多是端面，端面的轮廓也可以是直线、斜线、圆弧、曲线或端面螺纹、锥面螺纹等。

3）其他类零件

数控车床与普通车床一样，装上特殊卡盘就可以加工偏心轴，或在箱体、板材上加工孔或圆柱。

3. 数控车床加工的主要对象

数控车床加工精度高，能做直线和圆弧插补，还有部分车床数控装置具有某些非圆曲线插补功能以及在加工过程中能自动变速等特点，因此其工艺范围较普通车床宽得多。针对数控车床的特点，下列四种零件最适合数控车削加工。

1）精度要求高的回转体零件

由于数控车床刚性好，制造和对刀精度高，以及能方便和精确地进行人工补偿和自动补偿，所以能加工尺寸精度要求较高的零件。此外，数控车削的刀具运动是通过高精度插补运算和伺服驱动来实现的，再加上机床的刚性好和制造精度高，所以它能加工对母线直线度、圆度、圆柱度等形状精度要求较高的零件。对于圆弧以及其他曲线轮廓，加工出的形状与图纸上所要求的几何形状的接近程度比用仿形车床要高得多。如图3－19所示的轴承内圈，若采用液压半自动车床和液压仿形车床加工，需多次装夹，因而会造成较大的壁厚差，达不到图纸要求。如果改用数控车床加工，一次装夹即可完成滚道和内孔的车削，壁厚差大为减小，且加工质量稳定。

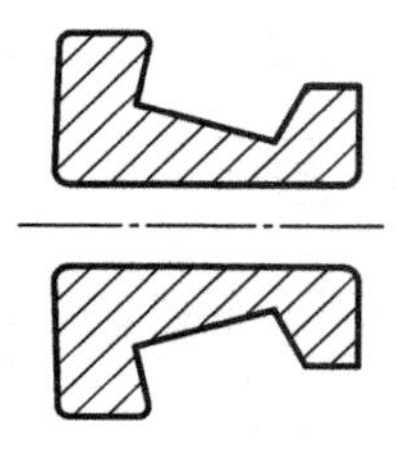

图3－19　轴承内圈

2）轮廓形状特别复杂的回转体零件

由于数控车床具有直线和圆弧插补功能，部分车床数控装置还有某些非圆曲线插补功能，所以可以车削由任意直线和平面曲线组成的形状复杂的回转体零件以及难于控制尺寸的零件(如具有封闭内成型面的壳体零件)。如图 3-20 所示的壳体零件封闭内腔的成型面，“口小肚大”，在普通车床上是无法加工的，而在数控车床上则很容易加工出来。

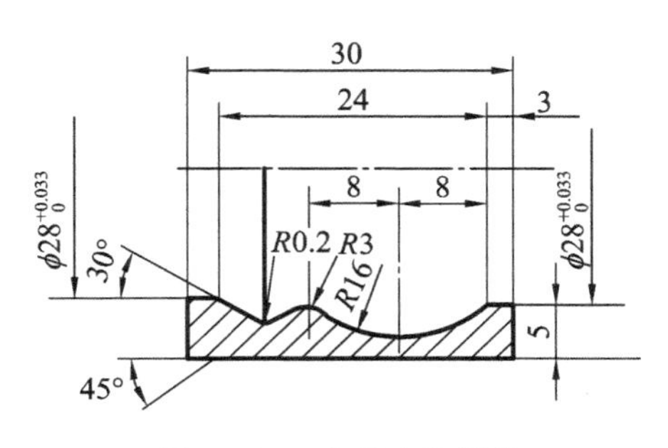

图 3-20　成型内腔零件

3) 表面粗糙度要求高的回转体零件

某些数控车床具有恒线速切削功能，能加工出表面粗糙度值小而均匀的零件。在材质、精车余量和刀具已选定的情况下，表面粗糙度取决于进给量和切削速度。在普通车床上车削锥面和端面时，由于转速恒定不变，致使车削后的表面粗糙度不一致，只有某一直径处的粗糙度值最小。使用数控车床的恒线速切削功能，就可选用最佳线速度来切削锥面和端面，使车削后的表面粗糙度值既小又一致。数控车削还适合于车削各部位表面粗糙度要求不同的零件。粗糙度数值较大的部位选用大的进给量，数值较小的部位选用小的进给量。

4) 带特殊螺纹的回转体零件

数控车床不但能车削任何等导程的直、锥面螺纹和端面螺纹，而且能车增导程、减导程及要求等导程与变导程之间平滑过渡的螺纹，还可以车高精度的模/数螺旋零件(如圆柱、圆弧蜗杆)和端面(盘形)螺旋零件等。数控车床可以配备精密螺纹切削功能再加上一般采用硬质合金成型刀具以及较高的转数，因此车削出来的螺纹精度高，表面粗糙度小。

4. 加工阶段的划分

对重要的零件，为了保证其加工质量和合理使用设备，零件的加工过程可划分为四个阶段，即粗加工阶段、半精加工阶段、精加工阶段和精密加工(包括光整加工)阶段。

1) 加工阶段的性质

(1) 粗加工阶段。粗加工的任务是切除毛坯上大部分多余的金属，使毛坯在形状和尺寸上接近零件成品，减小工件的内应力，为半精加工做好准备。因此，粗加工的主要目标是提高生产率。

(2) 半精加工阶段。半精加工的任务是使主要表面达到一定的精度并留有一定的精加工余量，为主要表面的精加工做好准备，并可完成一些次要表面(如攻螺纹、铣键槽等)的加工。热处理工序一般放在半精加工的前后。

(3) 精加工阶段。精加工是从工件上切除较少的余量，以得到精度比较高、表面粗糙度值比较小的加工过程。其任务是全面保证工件的尺寸精度和表面粗糙度等加工质量。

(4) 精密加工阶段。精密加工主要用于加工精度和表面粗糙度要求很高(IT6 级以上，

表面粗糙度值 R_a 在 0.4 μm 以下)的零件，其主要目标是进一步提高尺寸精度，减小表面粗糙度。精密加工对位置精度影响不大。

注意： 并非所有零件的加工都要经过四个加工阶段。因此，加工阶段的划分不应绝对化，应根据零件的质量要求、结构特点、毛坯情况和生产纲领灵活掌握。

2) 划分加工阶段的目的

(1) 保证加工质量。工件在粗加工阶段，切削的余量较多。因此，切削力和夹紧力较大，切削温度也较高，零件的内部应力也将重新分布，从而产生变形。如果不进行加工阶段的划分，将无法避免由上述原因产生的误差。

(2) 合理使用设备。粗加工可采用功率大、刚性好和精度低的机床加工，车削用量也可取较大值，从而充分发挥了设备的潜力；而精加工切削力较小，对机床破坏小，从而保持了设备的精度。

(3) 便于及时发现毛坯缺陷。对于毛坯的各种缺陷(如铸件砂眼、气孔、夹砂和余量不足等)，在粗加工后即可发现，便于及时修补或决定报废，避免造成浪费。

(4) 便于组织生产。通过划分加工阶段，便于安排一些非切削加工工艺(如热处理工艺、去应力工艺等)，从而有效地组织生产。

3.2.2 车削加工顺序的确定

加工顺序(又称工序)通常包括切削加工工序、热处理工序和辅助工序。本节主要介绍切削加工工序。

1. 加工顺序安排原则

(1) 基准面先行原则：用作精基准的表面应优先加工出来，因为定位基准的表面越精确，装夹误差就越小。如图 3-21 所示的工件，由于 ϕ40 mm 外圆是同轴度的基准，所以应首先加工该表面，再加工其他表面。

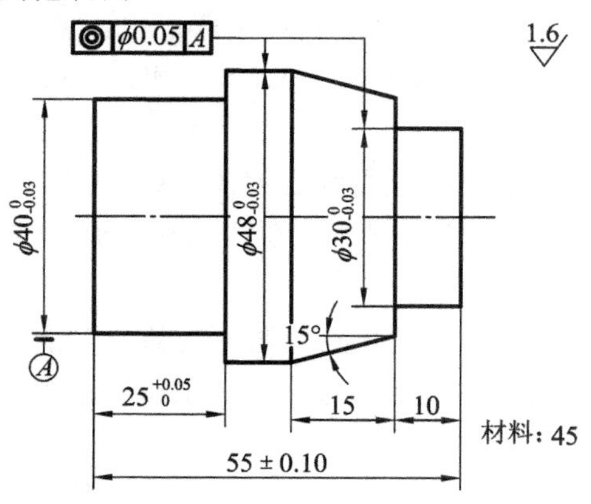

图 3-21 轴类零件加工路线分析

(2) 先粗后精原则：各个表面的加工顺序按照粗加工、半精加工、精加工、精密加工的顺序依次进行，逐步提高表面的加工精度和减小表面粗糙度。

(3) 先主后次原则：零件的主要工作表面、装配基面应先加工，从而能及早发现毛坯中主要表面可能出现的缺陷。次要表面可穿插进行，放在主要加工表面加工到一定程度后、最终精加工之前进行。

（4）先近后远原则：通常情况下，工件装夹后，离刀架近的部位先加工，离刀架远的部位后加工，以便缩短刀具移动距离，减少空行程时间，而且还有利于保持坯件或半成品的刚性，改善其切削条件。如图 3－22 所示的零件内孔，应先加工内圆锥孔，再加工 ϕ30 mm 内孔，最后加工 ϕ20 mm 内孔。

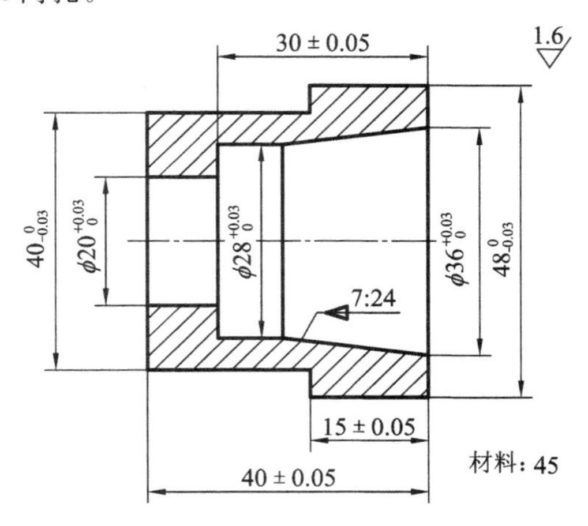

图 3－22　套类零件加工路线分析

2. 工序的划分

1）工序划分的原则

（1）工序集中原则。工序集中原则是指每道工序包括尽可能多的加工内容，从而使工序的总数减少。采用工序集中原则有利于保证加工精度（特别是位置精度）、提高生产效率、缩短生产周期和减少机床数量，但专用设备和工艺装备投资大、调整维修比较麻烦、生产准备周期较长，不利于转产。

（2）工序分散原则。工序分散就是将工件的加工分散在较多的工序内进行，每道工序的加工内容很少。采用工序分散原则有利于调整和维修加工设备和工艺装备，选择合理的切削用量且转产容易，但工艺路线较长，所需设备及工人数量多，占地面积大。

2）工序划分的方法

（1）按所用刀具划分：以同一把刀具完成的那一部分工艺过程为一道工序。这种方法适用于工件的待加工表面较多，机床连续工作时间较长，加工程序的编制和检查难度较大等情况。例如，加工如图 3－22 所示的工件，可分为三道工序：工序一，采用钻头钻孔，去除加工余量；工序二，采用外圆车刀粗、精加工外形轮廓；工序三，采用内孔车刀粗、精车内孔。

（2）按安装次数划分：以一次安装完成的那一部分工艺过程为一道工序。这种方法适用于工件的加工内容不多的工件，加工完成后就能达到待检状态。例如，加工如图 3－21 所示的工件，可分为两道工序：工序一，以外形毛坯定位装夹加工左端轮廓；工序二，以加工好的外圆表面定位加工右端轮廓。

（3）按粗、精加工划分：以粗加工中完成的那一部分工艺过程为一道工序，精加工中完成的那一部分工艺过程为另一道工序。这种划分方法适用于加工后变形较大，需粗、精加工分开的工件，如毛坯为铸件、焊接件或锻件的工件。

(4) 按加工部位划分：以完成相同型面的那一部分工艺过程为一道工序，对于加工表面多而复杂的工件，可按其结构特点(如内形、外形、曲面和平面等)划分成多道工序。例如，加工如图 3-22 所示的工件，可分为两道工序：工序一，工件外轮廓的粗、精加工；工序二，工件内轮廓的粗、精加工。

3. 工步的划分方法

通常情况下，可分别按粗、精加工分开，由近及远的加工方法和切削刀具来划分工步。在划分工步时，要根据零件的结构特点、技术要求等情况综合考虑。

3.2.3 车削加工路线的确定

1. 数控车削加工路线的确定

1) 加工路线的确定原则

在数控加工中，刀具刀位点相对于零件运动的轨迹称为加工路线。加工路线的确定与工件的加工精度和表面粗糙度直接相关，其确定原则如下：

(1) 加工路线应保证被加工零件的精度和表面粗糙度，且效率较高。

(2) 使数值计算简便，以减少编程工作量。

(3) 应使加工路线最短，这样既可减少程序段，又可减少空刀时间。

(4) 加工路线还应根据工件的加工余量和机床、刀具的刚度等具体情况确定。

2) 圆弧车削加工路线

(1) 车锥法(见图 3-23(a))：根据加工余量，采用圆锥分层切削的办法将加工余量去除后，再进行圆弧精加工。采用这种加工路线时，加工效率高，但计算麻烦。

(2) 移圆法(见图 3-23(b))：根据加工余量，采用相同的圆弧半径，渐进地向机床的某一坐标轴方向移动，最终将圆弧加工出来。采用这种加工路线时，编程简便，但若处理不当，会导致较多的空行程。

(3) 车圆法(见图 3-23(c))：在圆心不变的基础上，根据加工余量，采用大小不等的圆弧半径，最终将圆弧加工出来。

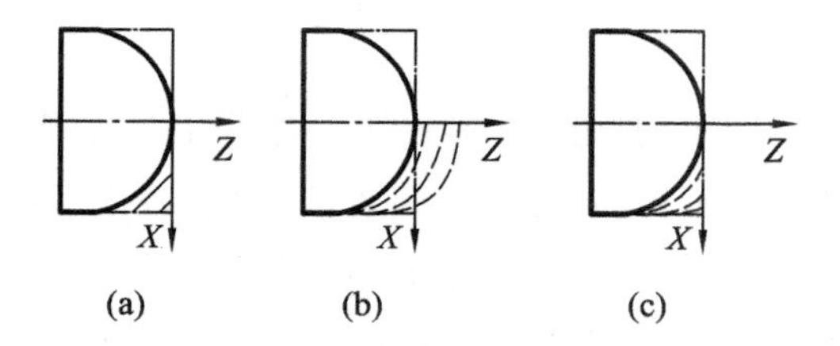

图 3-23 圆弧车削方法

3) 圆锥车削加工路线

(1) 平行车削法(见图 3-24(a))：刀具每次切削背吃刀量相等，但编程时需计算刀具的起点和终点坐标。采用这种加工路线时，加工效率高，但计算麻烦。

(2) 终点车削法(见图 3-24(b))：采用这种加工路线时，刀具的终点坐标相同，无需计算终点坐标，计算方便，但每次切削过程中，背吃刀量是变化的。

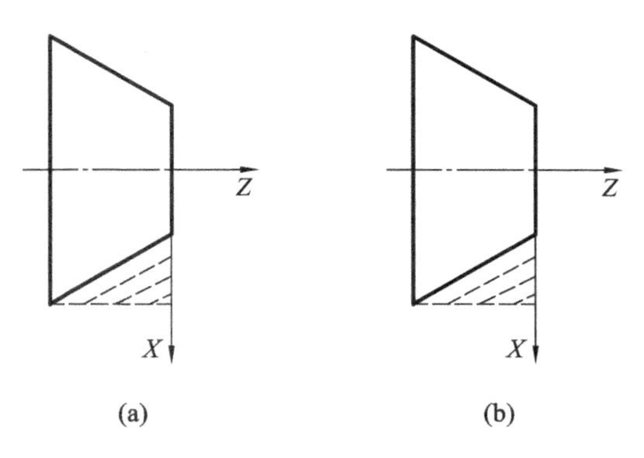

图 3-24　圆锥车削加工

注意： 应根据具体工件的情况来确定车圆和车锥的加工路线。

4）大余量毛坯切削循环加工路线

在数控车削加工过程中，考虑毛坯的形状、零件的刚性和结构工艺性、刀具形状、生产效率和数控系统具有的循环切削功能等因素，大余量毛坯切削循环加工路线主要有“矩形”复合循环进给路线和“型车”复合循环进给路线两种形式。

“矩形”复合循环进给路线如图 3-25 所示，为切除图示的双点画线部分的加工余量，粗加工走的是一条类似于矩形的轨迹，粗加工完成后，为避免在工件表面出现台阶形轮廓，还要沿工件轮廓并按编程要求的精加工余量走一条半精加工的轨迹。“矩形”复合循环轨迹加工路线较短，加工效率较高，通常通过数控车床系统的轮廓粗车循环指令来实现。

“型车”复合循环进给路线如图 3-26 所示，为切除图示的双点划线部分的加工余量，粗加工和半精加工走的是一条与工件轮廓相平行的轨迹。其加工路线较长，但避免了加工过程中的空行程。这种轨迹主要适用于铸造成型、锻造成型或已粗车成型工件的粗加工和半精加工，通常通过数控车床系统的轮廓型车复合循环指令来实现。

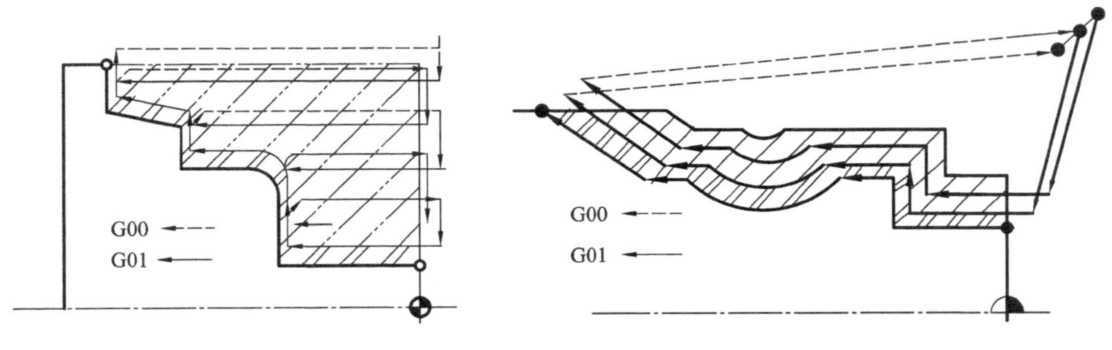

图 3-25　矩形复合循环　　　　图 3-26　型车复合循环

注意： 在实际生产过程中数控车床的主要加工对象多为已粗加工或半精加工后的工件，因此复合循环指令在实际生产过程中使用较少。

2. 深孔的加工方法

深孔加工的关键技术是深孔钻的几何形状和冷却、排屑问题。

在加工深孔时，由于刀柄受孔径和孔深的限制，因此要求刀柄要细长，但细长刀柄会造成其刚性差，车削时容易产生振动和让刀现象；由于孔深，钻削过程中，钻头容易引偏而导致孔轴线歪斜；由于孔深，切屑不易排除，切削液难于有效地冷却到切削区域，且刀具在深孔内切削，刀具的磨损和刀体的损坏等情况都无法观察，使得加工质量不易控制。

常见的深孔加工有以下三种形式：

(1) 枪孔钻和外排屑。在加工直径较小的深孔时，一般采用枪孔钻，加工过程如图3-27所示。枪孔钻用高速钢或硬质合金刀头与无缝钢管的刀柄焊接制成。刀柄上压有V形槽作为排出切屑的通道。腰形孔是切削液的出口处。

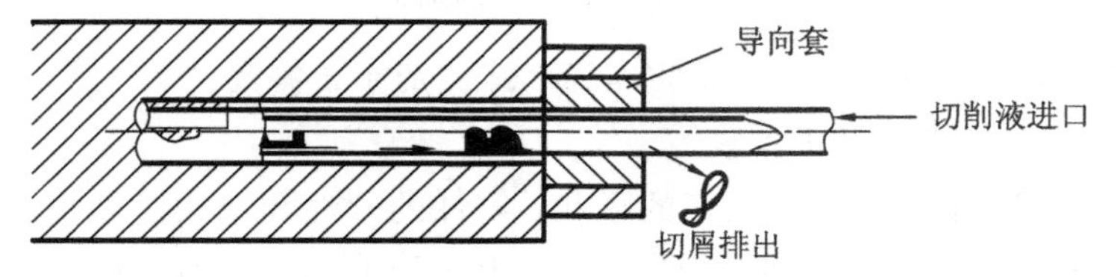

图3-27 枪孔钻钻深孔

(2) 喷吸钻和内排屑。喷吸钻外形如图3-28所示，它的切削刃1交错分布在钻头的两侧，颈部有喷射切削液的小孔2，前端有两个喇叭形孔3，切屑在由小孔2喷射出的高压切削液的压力作用下，从这两个喇叭形孔冲入并吸进空心刀杆向外排出。

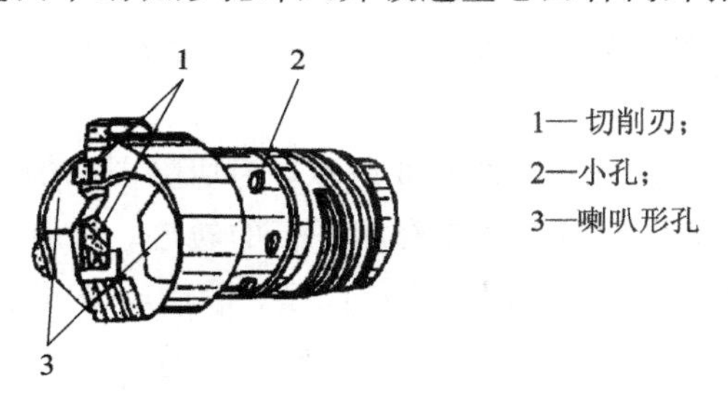

图3-28 喷吸钻

喷吸钻工作过程如图3-29所示。由于此种排屑方式是利用切削液的喷和吸的作用使切屑排出，故称为喷吸钻。

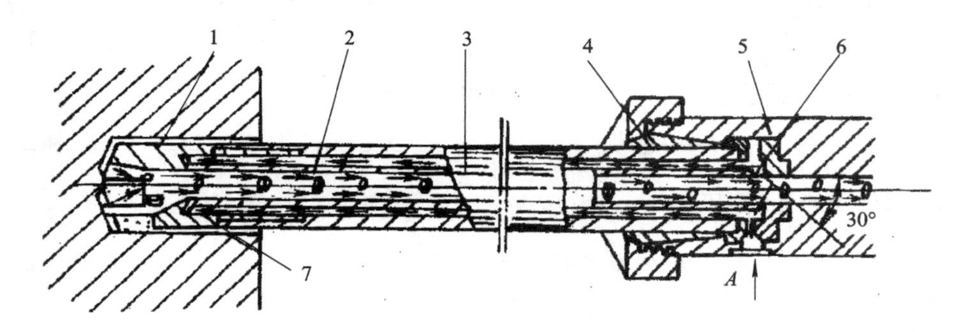

1—钻头；2—内套管；3—外套管；4—弹簧夹头；5—刀杆；6—月牙孔；7—小孔

图3-29 喷吸钻的工作过程

（3）高压内排屑钻。高压内排屑钻的工作过程如图3-30所示，高压大流量的切削液从封油头2经深孔钻1和孔壁之间的空隙进入切削区域，切屑在高压切削液的冲刷下从排屑外套管3的中间排出。采用这种方式，由于排屑外套杆内没有压力差，所以需要有较高压力(一般要求1 MPa～3 MPa)的切削液将切屑从切削区经排屑外套杆内孔排出，因此称为高压内排屑。

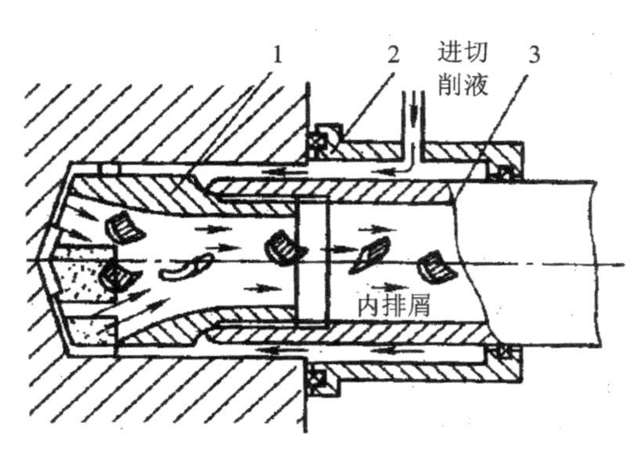

1—深孔钻；2—封油头；3—排屑外套管

图3-30　高压内排屑钻的工作过程

3. 梯形螺纹的加工与测量

1）梯形螺纹的加工方法

（1）直进法：螺纹车刀 X 向间歇进给至牙深处(见图3-31(a))。采用这种方法加工梯形螺纹时，螺纹车刀的三面都参加切削，导致加工排屑困难，切削力和切削热增加，刀尖磨损严重。当进给量过大时，还可能产生“扎刀”和“爆刀”现象。

（2）斜进法：螺纹车刀沿牙型角方向斜向间歇进给至牙深处(见图3-31(b))。采用这种方法加工梯形螺纹时，螺纹车刀始终只有一个侧刃参加切削，从而使排屑比较顺利，刀尖的受力和受热情况有所改善，在车削中不易引起“扎刀”现象。

（3）交错切削法：螺纹车刀沿牙型角方向交错间隙进给至牙深(见图3-31(c))，这种方法类同于斜进法。

（4）切槽刀粗切槽法：先用切槽刀粗切出螺纹槽，再用梯形螺纹车刀加工螺纹两侧面(见图3-31(d))。这种方法的编程与加工在数控车床上较难实现。

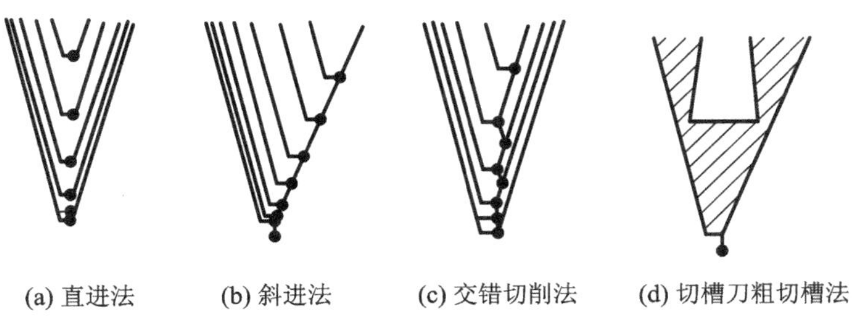

(a) 直进法　(b) 斜进法　(c) 交错切削法　(d) 切槽刀粗切槽法

图3-31　梯形螺纹的几种切削方法

注意：在数控车床上加工梯形螺纹时，应优先选用斜进法和交错切削法的加工路线。

2）梯形螺纹测量

梯形螺纹的测量分为综合测量、三针测量和单针测量三种。综合测量用螺纹量规进行，中径的三针测量与单针测量如图 3-32 所示。

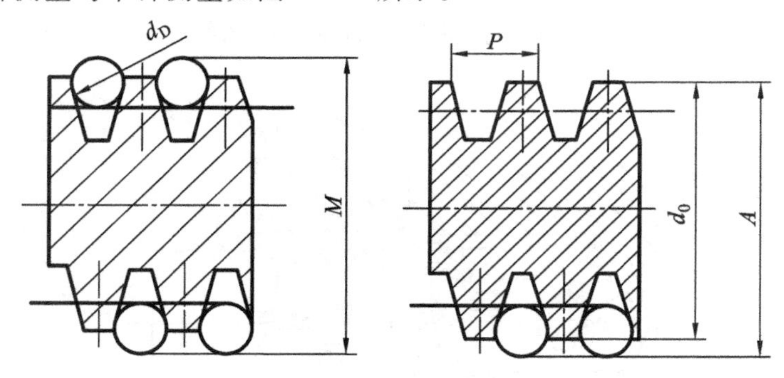

图 3-32　梯形螺纹测量

3）计算 Z 向刀具偏置值

在梯形螺纹的实际加工中，由于刀尖宽度并不等于槽底宽，因此通过一次螺纹复合循环切削无法正确控制螺纹中径等各项尺寸。为此可采用刀具 Z 向偏置后再次进行螺纹复合循环加工来解决以上问题。为了提高加工效率，最好只进行一次偏置加工，因此必须精确计算 Z 向的偏置量，Z 向偏置量的计算方法如图 3-33 所示。

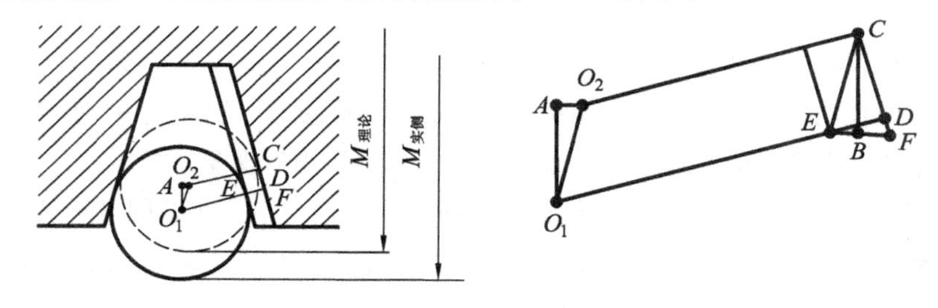

图 3-33　Z 向刀具偏置值的计算

计算步骤如下：

设

$$M_{实测}-M_{理论}=2AO_1=\delta$$

则

$$AO_1=\frac{\delta}{2}$$

如图 3-33 所示，四边形 O_1O_2CE 为平行四边形，则$\triangle AO_1O_2\cong\triangle BCE$，$AO_2=EB$。$\triangle CEF$ 为等腰三角形，则

$$EF=2EB=2AO_2$$

$$AO_2=AO_1\times\tan(\angle AO_1O_2)=\tan15^\circ\times\frac{\delta}{2}=0.314\delta$$

$$Z\text{ 向偏置 }EF=2AO_2=\tan15^\circ\times\delta=0.268\delta$$

注意："$+Z$"或"$-Z$"方向均可作为偏置方向，实际操作时可根据已加工表面的表面

质量来选择，即向表面质量差的方向偏移。

实际加工时，在一次循环结束后，用三针测量实测 M 值，计算出刀具 Z 向偏置量，然后在刀长补偿或磨耗存储器中设置 Z 向刀偏量，再次用 G76 循环加工就能一次性精确控制中径等螺纹参数值。

3.2.4　数控车床用夹具系统

1. 数控机床夹具的基本知识

机床夹具是指安装在机床上，用以装夹工件或引导刀具，使工件和刀具具有正确位置的装置。

1）数控机床夹具的组成

数控机床夹具按其作用和功能通常可由定位元件、夹紧元件、安装连接元件和夹具体等几个部分组成，如图 3－34 所示。定位元件是夹具的主要元件之一，其定位精度将直接影响工件的加工精度。常用的定位元件有 V 形块、定位销、定位块等。夹紧元件的作用是保持工件在夹具中的原定位置，使工件不致因加工时受外力而改变原定位置。安装连接元件用于确定夹具在机床上的位置，从而保证工件与机床之间的正确加工位置。夹具体是夹具的基础件，用于连接各个元件或装置，使之成为一个整体，以保证工件的精度和刚度。

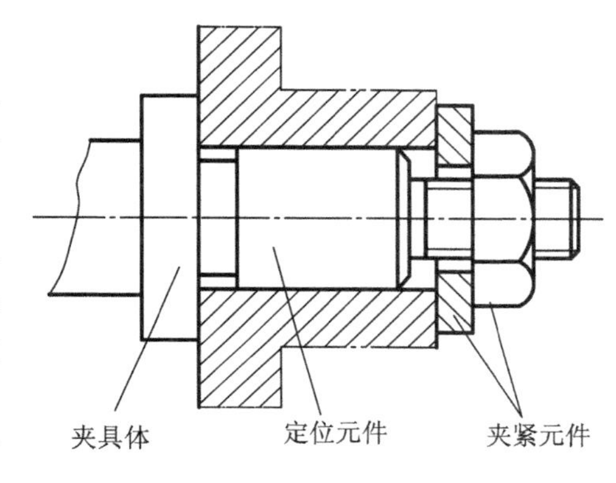

图 3－34　数控机床夹具的组成

2）数控机床夹具的基本要求

（1）精度和刚度要求。数控机床具有多型面连续加工的特点，所以对数控机床夹具的精度和刚度的要求也同样比一般机床要高，这样可以减小工件在夹具上的定位和夹紧误差以及粗加工的变形误差。

（2）定位要求。工件相对夹具一般应完全定位，且工件的基准相对于机床坐标系原点应具有严格的确定位置，以满足刀具相对于工件正确运动的要求。同时，夹具在机床上也应完全定位，夹具上的每个定位面相对于数控机床的坐标系原点均应有精确的坐标尺寸，以满足数控机床简化定位和安装的要求。

（3）敞开性要求。数控机床加工为刀具自动进给加工。夹具及工件应为刀具的快速移动和换刀等快速动作提供较宽敞的运行空间。尤其对于需多次进出工件的多刀、多工序加工，夹具的结构更应尽量简单、敞开，使刀具容易进入，以防刀具运动中与夹具工件系统相碰撞。此外，夹具的敞开性还体现为排屑通畅，清除切屑方便。

（4）快速装夹要求。为适应高效、自动化加工的需要，夹具结构应适应快速装夹的需要，以尽量减少工件装夹辅助时间，提高机床切削运转利用率。

3）机床夹具的分类

机床夹具的种类很多，按其通用化程度可分为以下四类：

（1）通用夹具。数控车床的卡盘、顶尖和数控铣床上的机用虎钳、分度头等均属于通用夹具。这类夹具已实现了标准化，特点是通用性强、结构简单，装夹工件时无需调整或稍加调整即可，主要用于单件小批量生产。

(2) 专用夹具。专用夹具是专为某个零件的某道工序设计的。其特点是结构紧凑，操作迅速方便。但这类夹具的设计和制造的工作量大、周期长、投资大，只有在大批量生产中才能充分发挥它的经济效益。专用夹具有结构可调式和结构不可调式两种类型。

(3) 成组夹具。成组夹具是随着成组加工技术的发展而产生的。它是根据成组加工工艺，把工件按形状尺寸和工艺的共性分组，针对每组相近工件而专门设计的。这类夹具的特点是使用对象明确、结构紧凑和调整方便。

(4) 组合夹具。组合夹具是由一套预先制造好的标准元件组装而成的专用夹具。它具有专用夹具的优点，用完后可拆卸存放，从而缩短了生产准备周期，减少了加工成本。因此，组合夹具既适用于单件及中、小批量生产，又适用于大批量生产。

2. 数控车床常用夹具简介

卡盘根据卡爪的数量分为二爪卡盘、三爪自定心卡盘、四爪单动卡盘和六爪卡盘等几种类型。

1) 三爪自定心卡盘及其装夹校正

(1) 三爪自定心卡盘。三爪自定心卡盘是数控车床上最常用的通用夹具，如图 3－35 所示。三爪自定心卡盘的三个卡爪在装夹过程中是联动的，所以其具有装夹简单、夹持范围大和自动定心的特点。因此，三爪自定心卡盘主要用于在数控车床装夹加工圆柱形轴类零件和套类零件。在使用三爪自定心卡盘时，要注意三爪自定心卡盘的定心精度不是很高。因此，当需要二次装夹加工同轴度要求较高的工件时，必须对已装夹的工件进行同轴度的校正。

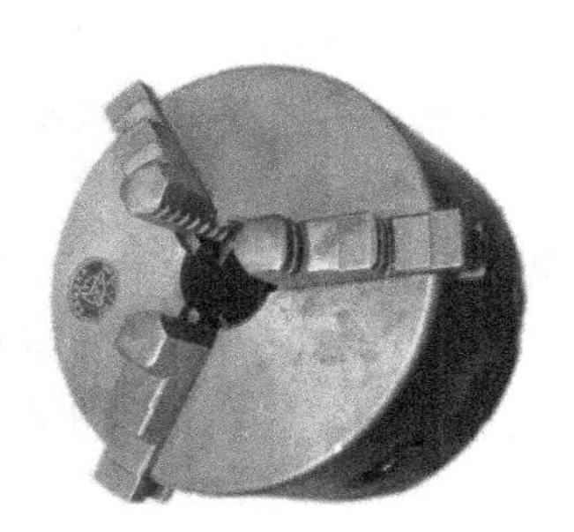

图 3－35　三爪自定心卡盘

三爪自定心卡盘的夹紧方式主要有机械螺旋式、气动式或液压式等多种形式。其中气动卡盘和液压卡盘装夹迅速、方便，适合于批量加工。但这类卡盘夹持范围变化小，尺寸变化大时需重新调整卡爪位置，因此，这类卡盘不适合尺寸变化大且需要二次装夹工件的加工。

(2) 装夹与校正。在数控车床上使用三爪自定心卡盘装夹圆柱形工件时，工件的校正方法如图 3－36 所示，即将百分表固定在工作台面上，触头触压在圆柱侧母线的上方，然后手动轻轻转动卡盘，根据百分表的读数用铜棒轻敲工件进行调整，当再次旋转主轴而百分表读数不变时，表示工件装夹表面的轴心线与主轴轴心线同轴。

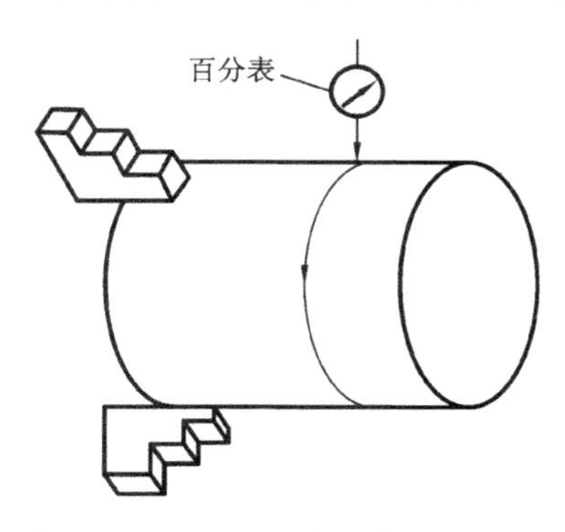

图 3-36　三爪自定心卡盘的校正

2）四爪单动卡盘及其装夹校正

（1）四爪单动卡盘。四爪单动卡盘如图 3-37 所示，在装夹工件过程中每一个卡爪可以单独进行装夹，因此，四爪单动卡盘不仅适用于圆柱形轮廓的轴、套类零件的加工，还适用于偏心轴、套类零件和长度较短的方形表面的加工。

图 3-37　四爪单动卡盘

（2）装夹与校正。在数控车床上使用四爪单动卡盘进行工件的装夹时，必须进行工件的校正，以保证所加工表面的轴心线与主轴的轴心线重合。

四爪单动卡盘装夹圆柱工件的校正方法和三爪自定心卡盘的校正方法相同。方形工件的装夹与校正以图 3-38 所示的加工正中心孔为例，其校正方法如图 3-39 所示，即将百分表固定在数控车床滑板上，触头接触侧平面(见图 3-39(a))，前后移动百分表，调节工件保证百分表读数一致，将工件转动 90°，再次前后移动百分表，从而校正侧平面与主轴轴线垂直。工件中心(即所要加工孔的中心)的校正方法如图 3-39(b)所示，即使触头接触外圆上侧素线，轻微转动主轴，校正外圆的上侧素线，读出此时的百分表读数，将卡盘转动 180°，仍然用百分表校正外圆的上侧素线，读出相应的百分表读数，根据两次百分表的读数差值调节上、下两个卡爪。左、右两卡爪的校正方法相同。

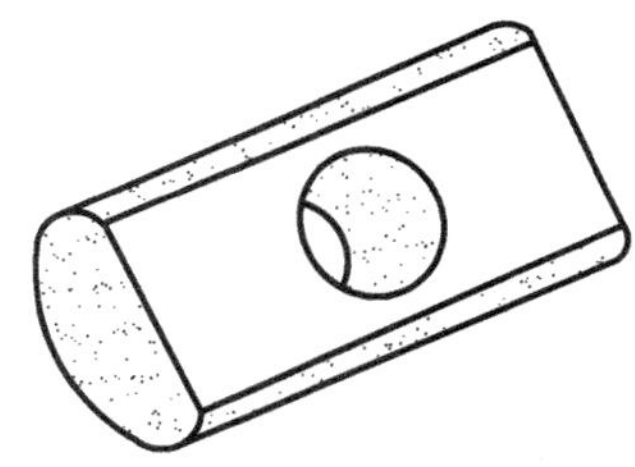

图 3-38　四爪单动卡盘装夹的工件

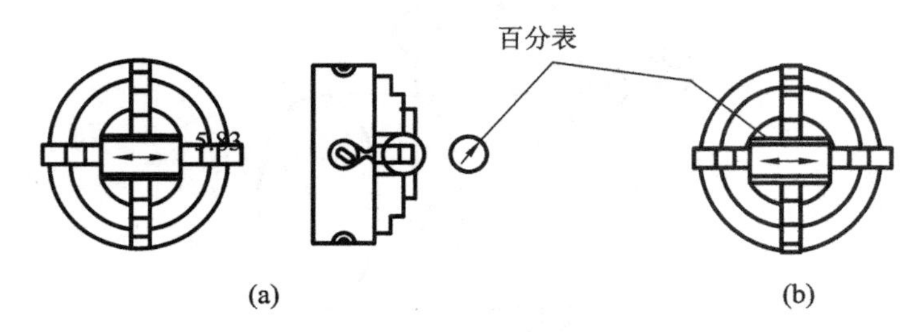

图 3-39　四爪单动卡盘装夹与校正方法

3）软爪与弹簧夹套

（1）软爪。软爪从外形来看和三爪自定心卡盘无大的区别，不同之处在于其卡爪硬度不同。普通的三爪自定心卡盘的卡爪为了保证刚度要求和耐磨性要求，通常要经过淬火等热处理，硬度较高，很难用常用刀具材料切削加工。而软爪的卡爪通常在夹持部位焊有铜等软材料，是一种可以切削的卡爪，它是为了配合被加工工件而特别制造的。

软爪主要用于同轴度要求高且需要二次装夹的工件的加工，它可以在使用前进行自镗加工(如图 3-40 所示)，从而保证卡爪中心与主轴中心同轴，因此，工件的装夹表面也应是精加工表面。另外，在加工过程中最好使软爪的内圆直径等于或略小于所要加工工件的外径(如图 3-41 所示)，以消除卡盘的定位间隙并增加软爪与工件的接触面积。

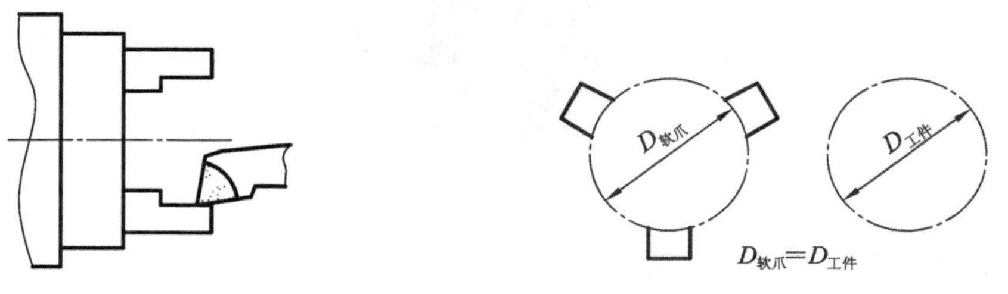

图 3-40　软爪的自镗加工　　　　图 3-41　软爪内圆直径与工件直径的关系

（2）弹簧夹套。弹簧夹套的定心精度高，装夹工件快速方便，常用于精加工的外圆表面定位。在实际生产中，如没有弹簧夹套，可根据工件夹持表面直径自制薄壁套(见图 3-42)来代替弹簧夹套。

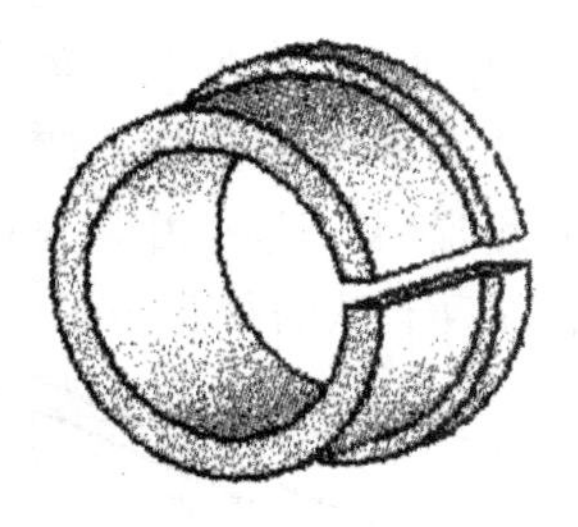

图 3-42　自制薄壁套

4）两顶尖拨盘和拨动顶尖

（1）两顶尖拨盘。两顶尖拨盘包括前、后顶尖和对分夹头或鸡心夹头拨杆三部分。两顶尖定位的优点是定心正确可靠，安装方便。顶尖的作用是定心、承受工件重量和切削力。

前顶尖与主轴的装夹方式有两种：一种是插入主轴锥孔内的(见图 3-43(a))；另一种是夹在卡盘上的(见图 3-43(b))。前顶尖与主轴一起旋转，与主轴中心孔不产生摩擦。后顶尖插入尾座套筒。后顶尖也分为两种形式：一种是固定的(见图 3-44(a))，另一种是回转的(见图 3-44(b))，回转顶尖使用较为广泛。

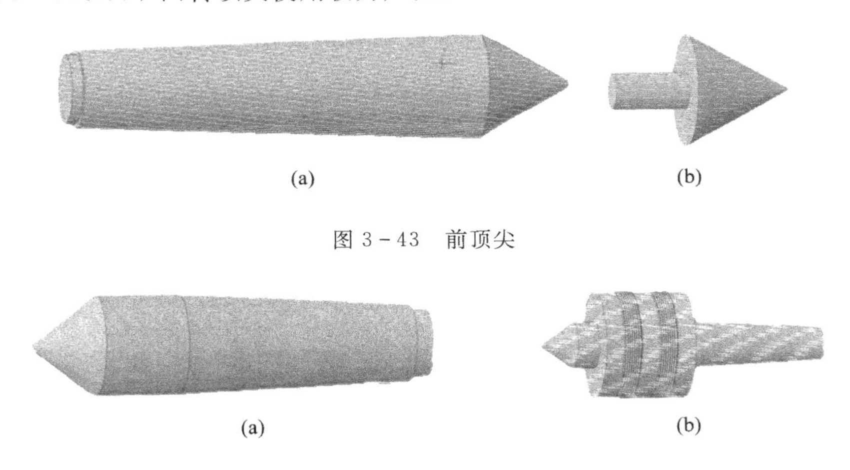

图 3-43　前顶尖

图 3-44　后顶尖

两顶尖只对工件有定心和支承作用，工件的转动必须通过对分夹头或鸡心夹头的拨杆(见图 3-45)带动工件旋转。对分夹头或鸡心夹头夹紧工件一端。

(2) 拨动顶尖。拨动顶尖常用的有内、外拨动顶尖和端面拨动顶尖，与两顶尖拨盘相比，不使用拨杆而直接由拨动顶尖带动工件旋转。端面拨动顶尖(见图 3-46)利用端面拨爪带动工件旋转，适合装夹工件的直径为 50 mm～150 mm。内、外拨动顶尖如图 3-47 所示，内外锥面带齿，能嵌入工件，拨动工件旋转。

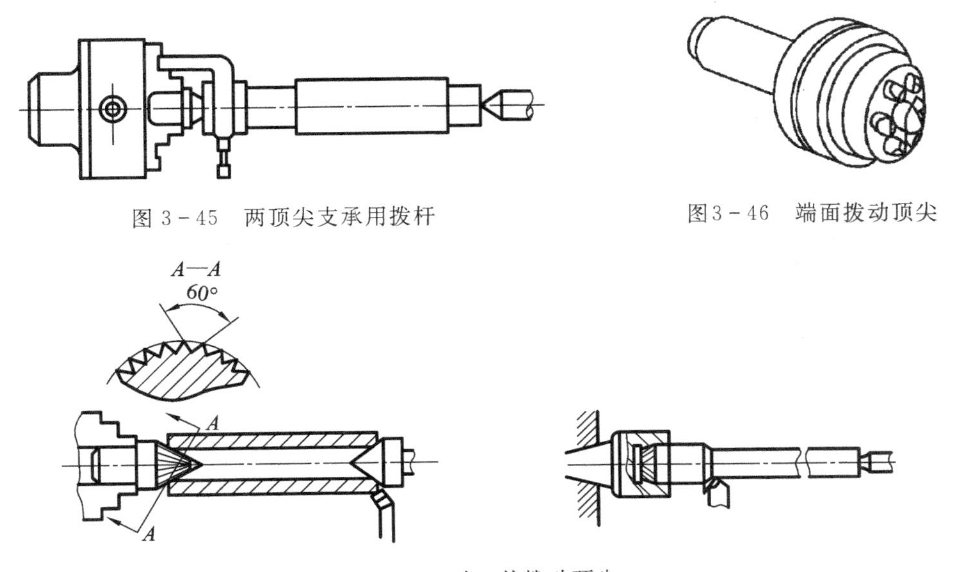

图 3-45　两顶尖支承用拨杆

图3-46　端面拨动顶尖

图 3-47　内、外拨动顶尖

5）定位心轴

在数控车床上加工齿轮、套筒、轮盘等零件时，为了保证外圆轴线和内孔轴线的同轴度要求，可选用定位心轴作为定位夹具。

当工件内孔为圆柱孔时，常用间隙配合心轴（见图 3-48(a)）、过盈配合心轴（见图 3-48(b)）定位；而当工件内孔为圆锥孔、螺纹孔和花键孔时，则采用相应的圆锥心轴（见图 3-48(c)）、螺纹心轴（见图 3-48(d)）、花键心轴（见图 3-48(e)）定位。

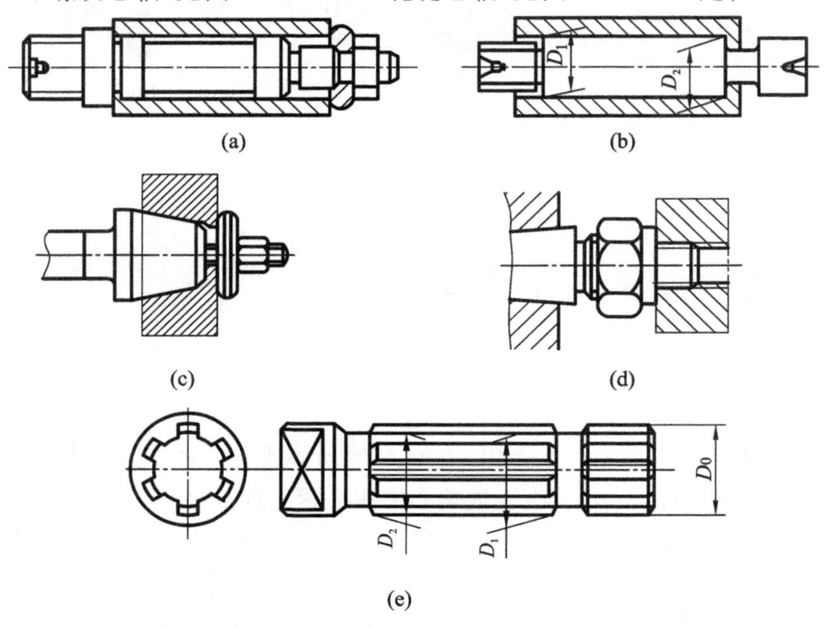

图 3-48 心轴

6）花盘与角铁

数控车削时，常会遇到一些形状复杂和不规则零件，不能用卡盘和顶尖进行装夹，这时，可借助花盘、角铁等辅助夹具进行装夹。花盘、角铁及常用附件如图 3-49 所示。

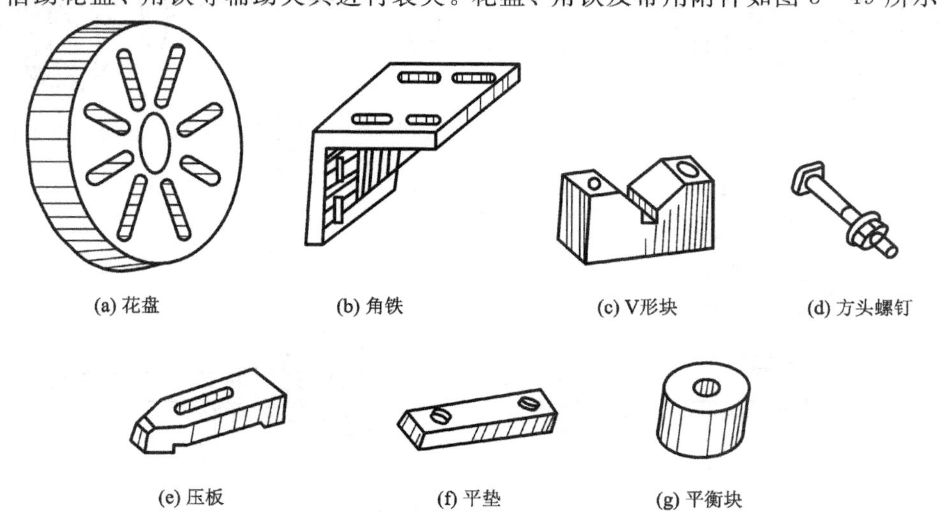

图 3-49 花盘、角铁及常用附件

加工表面的回转轴线与基准面垂直、外形复杂的零件可以装夹在花盘上加工，如图3－50所示即为在花盘上加工双孔连杆。而一些加工表面的回转轴线与基准面平行且外形比较复杂的零件则可以借助角铁将工件装夹在花盘上进行加工，如图3－51所示即为在角铁上加工轴承座孔。

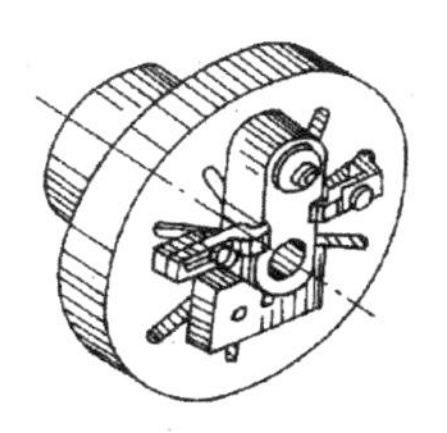

图3－50　在花盘上加工双孔连杆

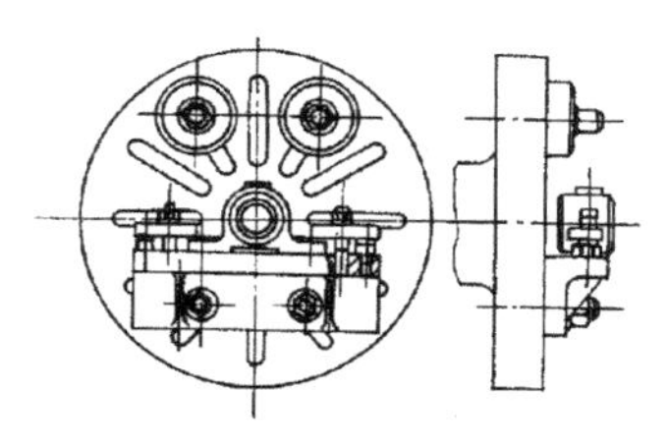

图3－51　在角铁上加工轴承座孔

3. 数控车床常用定位方法及定位误差分析

1）常用定位方法

在数控车床上加工工件时，使用的定位方式种类较多，常用的定位方式见表3－3。

表3－3　数控车床常用定位方式

定位方式分类	定位方式	限制自由度数
以外圆表面定位	三爪自定心卡盘＋挡铁定位	除工件转动外的5个自由度
	弹簧夹套＋台阶面定位	
	主轴锥孔定位	
内孔定位	圆柱心轴＋台阶面定位	
	圆锥心轴定位	
	螺纹心轴＋台阶面定位	
	弹簧心轴或弹簧夹头	
顶尖定位	两顶尖	
	三爪自定心卡盘＋顶尖	4个自由度

2）定位误差分析

所谓定位误差，是指工件在夹具中定位时，由于其被加工表面的设计基准，在加工方向上的位置不定性而引起的一项工艺误差，是被测要素在加工方向上的最大变动量。

工件在夹具中按照六点定位原理定位后，可以使工件在夹具中占有预定而正确的加工位置。但在实际工作中，以定位元件代替支撑点后，由于工件的定位基面和定位元件均存在制造误差，因而工件在夹具中的实际位置将在一定范围内变动，即存在定位误差。

定位误差有两种，即基准不重合误差和基准位移误差。由于定位基准与工序基准不重合而造成的定位误差，称为基准不重合误差。由于定位基准本身的尺寸和几何形状误差以及定位基准与定位元件之间的间隙所引起的定位基准沿加工尺寸方向(或沿指定方向)的最大位移称为定位基准位移误差。

4. 工艺实例

这里给出一个轴类零件数控车削加工工艺分析的实例。零件如图 3-52 所示，材料为 45 钢，毛坯尺寸为 $\phi66\times100$(mm)，零件的径向尺寸公差为 ±0.01mm，角度公差为 $\pm0.1'$，生产批量为 40 件。

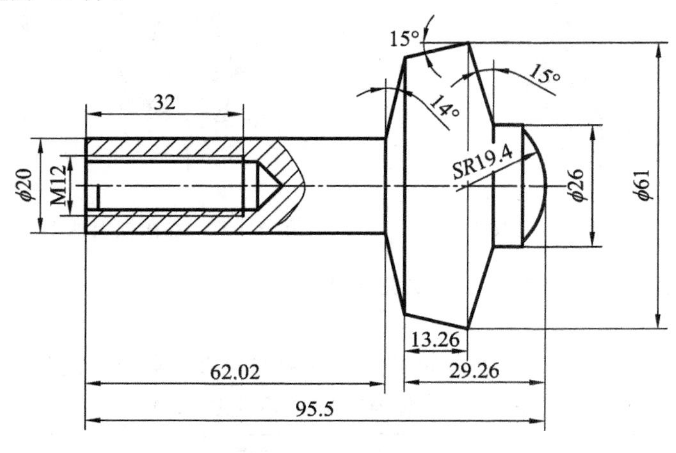

图 3-52　工艺实例

1）图纸分析

(1) 加工内容：零件加工包括车端面、外圆、倒角、锥面、圆弧、螺纹等。

(2) 工件坐标系：该零件在加工中需要两次掉头装夹加工，从图纸上进行尺寸标注分析，应设置两个工件坐标系，两个工件坐标系的工件原点均应选定在零件装夹后的右端面(精加工面)。

2）工艺处理

(1) 装夹定位方式：采用三爪卡盘，工件分两次装夹完成加工。

(2) 换刀点：换刀点选定为(200.0，220.0)。

(3) 公差处理：取尺寸公差中值。

(4) 工步和走刀路线：按加工内容确定走刀路线如下。

工序 1：用三爪卡盘夹紧工件左端，加工 $\phi64\times38$ 圆柱面。

工序 2：调头用三爪卡盘夹紧 $\phi64\times38$ 圆柱面，在工件左端面打中心孔。

工序 3：用三爪卡盘夹紧工件 $\phi64$ 一端，另一端用顶尖顶紧，加工 $\phi24\times62$ 圆柱面。

工序 4：① 钻螺纹底孔；② 精车加工 $\phi20\times62$ 圆柱面、加工 14°锥面、加工螺纹端平面；③ 攻螺纹。

工序 5：加工 $SR19.4$ 圆弧面、$\phi26$ 圆柱面、15°锥面、15°倒锥面。

工序 5 的加工过程如下：

① 先用循环指令分若干次一层层加工，逐渐切削至由 $E\to F\to G\to H\to I$ 等基点组成的回转面。最后两次循环的走刀路线均与 $B\to C\to D\to E\to F\to G\to H\to I\to B$ 相似。使用 G71 指令完成粗加工，使用 G70 指令完成精加工(指 FANUC 数控系统)；走刀路线为 $B\to C\to D\to E\to F\to G\to H\to I\to B$。

② 应用固定循环指令加工出最后一个 15°的倒锥面，如图 3－53 所示。

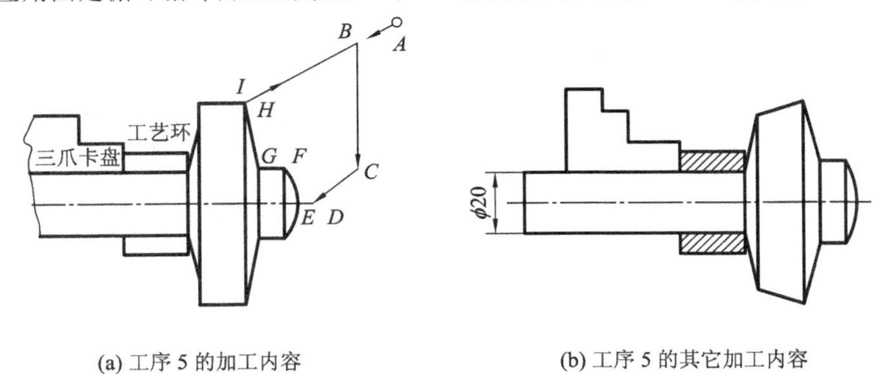

(a) 工序 5 的加工内容　　(b) 工序 5 的其它加工内容

图 3－53　工序 5 加工内容

实训项目四　数控铣床面板操作与程序编辑

实训项目四以DXK45数控铣床(配FANUC 0i Mate－MB数控系统)为载体，通过三个任务的实训，要求掌握数控铣床面板上各按键的名称、用途和机床基本操作，以及数控铣床程序的编辑方法和数控铣床的对刀方法。

【学习目标】

知识目标：

(1) 了解数控铣床的结构、组成及分类。

(2) 理解数控铣床G代码的功能。

(3) 了解数控铣床的加工过程。

技能目标：

(1) 通过数控铣床面板操作，能正确启停机床。

(2) 通过数控铣床面板操作，能采用手动、MDI方式进行移动机床、换刀等基本操作。

(3) 通过数控铣床手工编程操作，能新建加工程序，并进行插入、删除、修改、替换等编辑工作。

(4) 通过数控铣床面板操作，能对加工程序进行图形模拟，判断其正确与否。

(5) 通过数控铣床面板操作，能进行手工试切对刀。

【工作任务】

任务一　数控铣床基本操作训练。

任务二　数控铣床程序编辑训练。

任务三　数控铣床工件坐标系的建立。

任务一　数控铣床基本操作训练

【目的要求】

(1) 了解数控铣床主要技术参数及各部分组成。

(2) 掌握DXK45操作面板及各按键的作用。

(3) 严格遵守安全操作规程，养成良好的工作习惯。

【任务内容】

(1) 进行 DXK45 操作面板及各按键的操作练习。

(2) 进行 FANUC 0i Mate－MB 数控系统编程练习。

【任务实施】

(1) 进行机床正确启动和停止练习。

(2) 进行机床操作面板和 MDI 面板操作练习。

(3) 进行数控铣床的安全操作训练。

本任务主要介绍 DXK45 数控铣床操作面板及各功能按钮的操作。

1. CRT/MDI 操作面板

(1) 复位键 RESET。按下该键可显示数控系统的复位状态。

(2) 帮助键 HELP。按下该键可显示各种操作的帮助信息。

(3) 软键。根据不同的画面，软键有不同的功能。软键功能显示在屏幕的底端。

(4) 地址和数据键。按下这些键可以输入字母、数字或其他字符。

(5) 切换键 SHIFT。在该操作面板上，有些键具有两个功能，按下 SHIFT 键可以在这两个功能之间进行切换。

(6) 输入键 INPUT。当按下一个字母键或数字键时，再按该键数据被输入到缓冲区，并且显示在屏幕上。

(7) 取消键 CAN。按下这个键将删除最后一个进入输入缓冲区的字符或符号。

(8) 程序编辑键。按下如下键进行程序编辑：ALTER(替换)、INSERT(插入)、DELETE(删除)。

(9) 功能键。按下这些键，可切换不同功能的显示屏幕：POS(显示位置屏幕)、PROG(显示程序屏幕)、OFFSET/SETTING(显示偏置/设置)屏幕、SYSTEM(显示系统屏幕)、MESSAGE(显示信息屏幕)、CUSTOM/GRAPH(显示图形显示屏幕)。

(10) 光标移动键。有四种不同的光标移动键：→、←、↓、↑。

(11) 翻页键。有两个翻页键：PAGE↓、PAGE↑。

2. 主操作面板

主操作面板位于 CRT/MDI 面板下方，包括有关机床操作的各个旋钮开关、波段开关、急停按钮、机床状态指示灯等功能。

1) 方式选择开关

手轮方式：按手摇脉冲发生器上的指定轴，以手轮进给方式移动。

手动方式：按“+”或“－”按钮，可使被选择轴按面板波段开关对应速度移动。

手动快速方式：按“+”或“－”按钮，可使被选择轴按规定速度快速移动。

手动返回参考点方式：先选择返回参考点的轴，再按“+”按钮，可使被选择轴按规定速度自动返回参考点。

MDI 方式：手动输入几段程序指令，启动运行。

程序编辑方式：用于输入或编辑零件加工程序。

自动运行方式：用于执行零件加工程序。

2）手动操作开关

手动轴选择开关：用于手动方式、手动快速方式、手动返回参考点方式下被选择的手动轴 X、Y、Z。

超程解除按钮：当机床任意一轴超出行程范围时，该轴的硬件超程开关动作，机床便进入紧急停止状态，此时按超程解除按钮，可反方向手动将其移出超程区域。

3）倍率开关

自动进给/手动进给倍率开关：在自动方式下进给速度的倍率为0～150％，在手动方式下进给速度的倍率为0～100％。

快速倍率开关：用于给定G00和手动快速倍率，有0、25％、50％、100％四挡。

主轴倍率开关：用于主轴转速的调节，有50％、60％、70％、80％、90％、100％、110％、120％八挡。

4）选择功能开关及指示灯

单程序段：将该开关打开，相应的指示灯被点亮。自动方式下按循环启动按钮，程序被一段一段地执行。

选择跳段：将该开关打开，相应的指示灯被点亮。自动方式下加工程序中有“/”符号的程序段将被跳过而不执行。

选择停止：将该开关打开，相应的指示灯被点亮。自动方式下加工程序中有“M01”被认为是具有和M00同样的功能。

试运行：将该开关打开，相应的指示灯被点亮。自动方式下加工程序中F速度将以同样的速度进行，由进给倍率开关确定。

机床闭锁：将该开关打开，相应的指示灯被点亮。在自动、手动方式下，各轴的运动都被锁住，显示的坐标位置正常变化。

Z轴闭锁：将该开关打开，相应的指示灯被点亮。在自动、手动方式下，Z轴的运动被锁住，显示的坐标位置正常变化。

循环启动按钮：在自动或MDI方式下，按该按钮，相应的指示灯被点亮。此时NC系统正在执行编程指令。

进给保持按钮：在循环启动执行中，按该按钮，相应的指示灯被点亮。此时暂停程序的执行并保持NC系统当前的状态。再按该按钮相应的指示灯熄灭，可以继续程序的执行。

5）主轴操作

主轴正转：在手动方式下使主轴按被S指定的速度正转。

主轴反转：在手动方式下使主轴按被S指定的速度反转。

主轴停止：在任何方式下使主轴立即减速停止。

6）紧急停止

在紧急情况下，按紧急停止按钮可以使机床的全部动作立即停止。

任务二　数控铣床程序编写训练

【目的要求】

（1）编制图4.1所示零件的加工程序，输入数控系统并模拟图形。

(2) 进一步掌握 DXK45 操作面板及各编辑键的作用。

(3) 学习 FANUC 0i Mate－MB 系统编程方法。

(4) 严格遵守安全操作规程，养成良好的工作习惯。

【任务内容】

(1) 进行 DXK45 操作面板及编辑键的作用训练。

(2) 进行 FANUC 0i Mate－MB 数控系统编程方法训练，能进行程序的输入、修改、删除等编辑。

【任务实施】

(1) 按图 4－1 编写程序。

(2) 将程序输入系统。

(3) 模拟运行，观察图形。

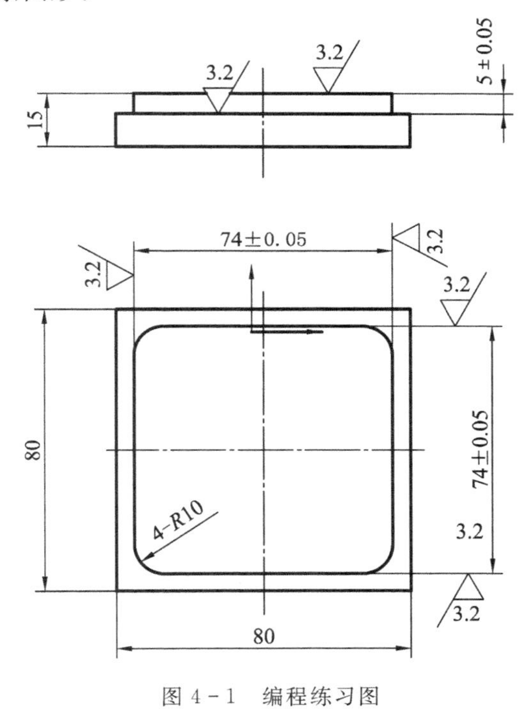

图 4－1　编程练习图

相关知识

1. DXK45 数控铣床的编程要点及 G、M、S 常用代码的功能

1) G 指令应用

(1) 有关坐标系的指令。这类指令包括：G90(绝对坐标指令)、G91(相对坐标指令)、G92(坐标系设定指令)；G54、G55、G56、G57、G58、G59(坐标系选择指令)；G17、G18、G19(坐标平面选择指令)。

(2) 快速定位指令 G00。指令格式如下:

G00 X __Y __;

(3) 直线插补指令 G01。指令格式如下:

G01 X __Y __Z __F __;

(4) 圆弧插补指令 G02、G03。G02 为顺时针圆弧插补指令,指令格式如下:

G02 X __Y __F __R __;

或

G02 X __Y __I __J __F __;

G03 为逆时针圆弧插补指令,指令格式如下:

G03 X __Y __F __R __;

或

G03 X __Y __I __J __F __;

2) M 指令应用

M 指令包括:M00(程序停止指令)、M01(选择停止指令)、M02(程序结束指令)、M03(主轴正转指令)、M04(主轴反转指令)、M05(主轴停止指令)、M08(冷却打开指令)、M09(冷却关闭指令)、M30(程序结束且回到程序起点指令)。

3) S 指令应用

S 指令格式如下:

M __S __;

S 后指定主轴旋转速度。一个程序段只能包含一个 S 代码。

2. 编辑方式下程序的输入、调用、修改、删除等功能

1) 在 EDIT 编辑方式下创建程序

(1) 进入 EDIT 方式。

(2) 按下 PROG 键。

(3) 按下地址键 O,输入程序号(4 位数字)。

(4) 按下 INSERT 键。

2) 程序号检索方法

(1) 选择 EDIT 方式。

(2) 按下 PROG 键显示程序画面。

(3) 输入地址键 O。

(4) 输入要检索的程序号。

(5) 按下[O SRH]。

检索结束后,检索到的程序号显示在画面的右上角。如果没有找到该程序,就会出现 P/S 报警。

3) 字的插入、替换和删除

(1) 选择 EDIT 方式。

(2) 按下 PROG 键。

(3) 选择要进行编辑的程序。

(4) 检索一个将要修改的字。

(5) 执行替换、插入、删除字等操作。

4) 删除一个程序的步骤

(1) 选择 EDIT 方式。

(2) 按下 PROG 键，显示程序画面。

(3) 输入地址键 O。

(4) 输入要删除的程序号。

(5) 按下 DELETE 键，输入程序号的程序被删除。

任务三　数控铣床工件坐标系的建立

【目的要求】

(1) 进一步掌握常用工、夹、刀、量具的正确使用。

(2) 基本掌握数控铣床对刀、工件坐标系的建立等操作方法。

【任务内容】

(1) 数控铣床对刀操作。

(2) 建立工件坐标系。

【任务实施】

1. 选择夹具及安装、找正、装夹工件

这里选择虎钳来安装、找正、装夹工件，其要点如下：

(1) 安装虎钳时以键定位，找正固定钳口面，使其与机床纵向或横向平行或垂直。工件安装时，基准面应紧贴固定钳口面。

(2) 用虎钳安装工件时，工件位置要适当，不要靠一端，以提高铣削时的稳定性。

(3) 工件的加工面应高于钳口，如工件低于钳口平面，可在工件下垫放适当厚度的平行垫铁，装夹时应使工件紧贴在平行垫铁上。

2. 合理选择刀具及刀柄

1) 数控铣床的刀柄标准

数控铣床的刀柄一般采用 7∶24 锥面与主轴锥孔配合定位，刀柄及其尾部的拉钉已实现标准化，常用的刀柄规格有 BT30、BT40、BT50。

2) 数控铣床的刀柄

(1) 钻夹头刀柄：配自紧式钻夹头，夹持 13 mm 以下的直柄钻头、中心钻、铰刀等。

(2) 弹簧夹头刀柄：配不同系列的弹性夹套，可夹持各种直柄刀具进行铣、铰切削加工。夹套规格有 6、8、10、12、14、16、18、20 mm 等。

(3) 面铣刀刀柄：配不同系列的面铣刀盘，可进行较大平面切削加工。面铣刀盘规格有 ϕ63、ϕ80、ϕ100 等。

(4) 带扁尾莫氏圆锥孔刀柄：与锥柄钻头配合，进行钻、扩孔加工。规格有莫氏 1 号、莫氏 2 号、莫氏 3 号、莫氏 4 号圆锥孔刀柄等。

(5) 不带扁尾莫氏圆锥孔刀柄：用专用拉钉与锥柄立铣刀配合，进行铣削加工。规格有莫氏 1 号、莫氏 2 号、莫氏 3 号、莫氏 4 号圆锥孔刀柄等。

(6) 攻丝夹头刀柄：配丝锥套与丝锥配合，进行螺纹加工。丝锥套规格有 4、5、6、8、10、12 mm 等。

(7) 万能镗头：加工 5 mm～50 mm 孔。

3. 对刀及建立工件坐标系

工件坐标系是加工工件时使用的坐标系。无论是手工编程还是自动编程，都必须首先在零件图上确定编程坐标系，原则是便于计算和编程。零件的安装方式确定之后，必须选择工件坐标系，它应当与编程坐标系相对应。在机床上，工件坐标系的确定是通过对刀的过程来实现的。

工件在机床上如果使用夹具装夹，一般其对刀点是设在夹具的某一位置，而在加工时并不是每一个零件加工都需要对刀，一般在一次对刀后可以进行一批零件的加工。

对刀点可以设在工件上，也可以设在与工件的定位基准有一定关系的夹具的某一位置，其原则是对刀方便、容易找正、加工过程中检查方便。

工件坐标系的建立由 CNC 预先设置，可使用以下两种方法之一设置：

(1) 在程序中的 G92 之后指定一个值来设定工件坐标系。(G90) G92 IP __；说明设定工件坐标系，使刀具上的点(如刀具中心)位于指定的坐标位置。

(2) 用 G54～G59 设定工件坐标系(又称零点偏置)。使用 CRT/MDI 面板可以设置 6 个工件坐标系。

相关知识

4.1 数控铣床安全操作规程及维护保养知识

1. 数控铣床安全操作规程

(1) 操作机床前，应熟悉机床的结构及技术参数，按照上电顺序启动机床。

(2) 机床上电后，检查各开关、按钮和按键是否正常，有无报警及其他异常现象。

(3) 机床手动回零，按照先回 Z 轴，再回 X、Y 轴的顺序进行。

(4) 输入并严格检查程序的正确性，并在机床锁定或 Z 轴锁定的情况下，单段执行程序进行图形模拟，确认走刀轨迹是否正确。

(5) 检查所选择的切削参数 S、F 是否合理，刀具和工件是否正确装夹，工装定位是否准确。

(6) 在工作台上安装工件和夹具时，应考虑重力平衡，合理利用台面。

(7) 正确对刀，建立工件坐标系，手动移动坐标系各轴，确认对刀的准确性。

(8) 机床自动运行加工时，必须关闭防护罩。

(9) 禁止戴手套操作机床，留长发者，要将头发盘起来并戴好工作帽。

(10) 不要触摸正在加工的工件、运转的刀具、主轴或进行工件测量。

(11) 机床加工中，禁止清扫切屑，等待机床停止运转后，用毛刷清除切屑。换刀时，必须擦净刀柄锥部和主轴锥孔部分，再进行换刀。

（12）禁止在主轴上敲击夹紧刀具，可在刀具安装台上装夹刀具。

（13）不能随意改变系统里设置好的参数。

（14）每天下班前，认真填写设备运行记录，做好交接班。

2. 数控铣床维护保养

（1）每天检查润滑油箱，油量不足时，增添 32 号液压导轨润滑油。

（2）每天检查液压站油液位置，油液低于正常位置时，增添 30 号液压油。

（3）每天检查液压站压力，正常在 3.5 MPa～4.0 MPa，不在正常值时应调整液流阀。

（4）下班前应清扫机床，保持清洁，将工作台移至中间位置并切断电源。

4.2　DXK45 数控铣床主要技术参数及各部分组成

1. DXK45 数控铣床主要技术参数

工作台左右移动行程（*X* 轴）	750 mm
工作台前后移动行程（*Y* 轴）	400 mm
主轴箱上下移动行程（*Z* 轴）	470 mm
工作台面尺寸（长×宽）	1200 mm×450 mm
工作台 T 型槽宽×槽数	18 mm ×3
主轴端面至工作台面距离	180 mm～650 mm
主轴锥孔	BT40
转速	30 r/min～3000 r/min
主轴驱动电动机（FANUC 交流主轴电动机）	5.5/7.5 kW
进给驱动电动机（FANUC 交流伺服电动机 *X*、*Y*、*Z* 轴）	1.4 kW
快速移动速度（*X*、*Y* 轴）	15 m/min
（*Z* 轴）	10 m/min
进给速度（*X*、*Y*、*Z* 轴）	1 mm/min～4000 mm/min

2. DXK45 数控铣床各部分组成

（1）主传动系统。FANUC 交流主轴电动机 5.5/7.5 kW，通过一级皮带传动到主轴，传动比为 1∶2。

（2）进给系统。FANUC 交流伺服电动机 *X*、*Y*、*Z* 轴 1.4 kW 与进给丝杠之间通过弹性联轴节直联。

（3）刀柄自动夹紧及换刀系统。自动夹紧刀具机构由拉杆、碟形弹簧、松刀油缸和卡爪等部分组成。夹紧状态时，碟形弹簧通过拉杆拉住刀柄尾部拉钉，拉力为 1000 kg 左右。松刀时，松刀油缸活塞在压力油的作用下，推动拉杆，压缩碟形弹簧向前移动，将刀柄推出主轴孔，松刀结束，松刀力为 1300 kg 左右。

（4）液压系统。机床换刀时，松开主轴是靠一套单独的液压系统完成的，液压系统换刀时启动工作，换刀完成后停止工作。系统工作压力为 3.5 MPa～4.0 MPa，可通过液流阀进行调整。

（5）自动润滑系统。机床导轨的润滑由 NC 系统控制定量齿轮润滑泵，定时直接给运动部件导轨供油，油箱配有液位开关，NC系统可对油箱内液位进行监控报警，也可对润滑周期进行设定和调整。

(6) 冷却系统。冷却系统用于加工时工件的冷却，由冷却油箱、电动机、泵、阀、管路等组成。其启停由PLC控制，流量大小由阀门控制。

4.3 自动方式下图形模拟校验

用动态图形显示功能绘制刀具轨迹，屏幕上画出程序的刀具轨迹，通过观察屏幕上的轨迹，可以检查加工过程的正确性。显示的图形可以放大/缩小，可以显示三维或任意二维图形。画图之前，必须设定图形参数。

图形显示的操作步骤如下：

(1) 按功能键“GRAPH”，显示图形参数画面(如未出现，则按“PARAM”键)。

(2) 移动光标到欲设定的参数处。

(3) 输入数据，按“INPUT”键。

(4) 重复(2)、(3)步，直到所有的参数被设定。

(5) 按“GRAPH” 键，显示图形画面。

(6) 启动自动运行，机床开始移动，屏幕上会描绘出刀具运行的轨迹。

实训项目五　数控铣床初级加工实训

实训项目五以六个典型零件为载体，通过六个任务的实训，要求掌握数控车床矩形凸台、圆角凸台、正多边形凸台、内腔等基本形状的编程和加工方法，进一步巩固数控车床程序的编辑方法和数控车床的对刀方法。

【学习目标】

知识目标：

(1) 掌握矩形凸台的编程及加工方法。

(2) 掌握圆角凸台的编程及加工方法。

(3) 掌握正多边形凸台的编程及加工方法。

(4) 掌握内腔的编程及加工方法。

(5) 掌握凸台与内腔的综合编程及加工方法。

技能目标：

(1) 掌握G01、G02、G03、G04等基本指令代码的格式及编程技巧。

(2) 掌握零件的安装与定位的基本原理与方法。

(3) 掌握刀具的使用方法。

(4) 进一步提高对刀的准确性，不断掌握数控加工技巧。

【工作任务】

任务一　矩形凸台的加工。

任务二　圆角凸台的加工。

任务三　正多边形凸台的加工。

任务四　内腔的加工。

任务五　凸台与内腔的综合加工。

任务六　综合零件的加工。

本项目采用由浅入深、由简单到复杂的训练方法，每位学生可以用一块方料逐步完成多个任务，既解决了针对不同特点零件的加工练习问题，又节约了材料，具有很强的可操作性。

任务一　矩形凸台的加工

【目的要求】

(1) 进一步掌握用试切法建立工件坐标系的操作步骤(使用基准刀在G54工件坐标系下建立)。

(2) 掌握矩形凸台的加工编程方法。

【任务内容】

(1) 编制如图 5-1 所示矩形凸台的程序并加工出零件。
(2) 安装和调整平口钳。
(3) 用试切法建立工件坐标系。

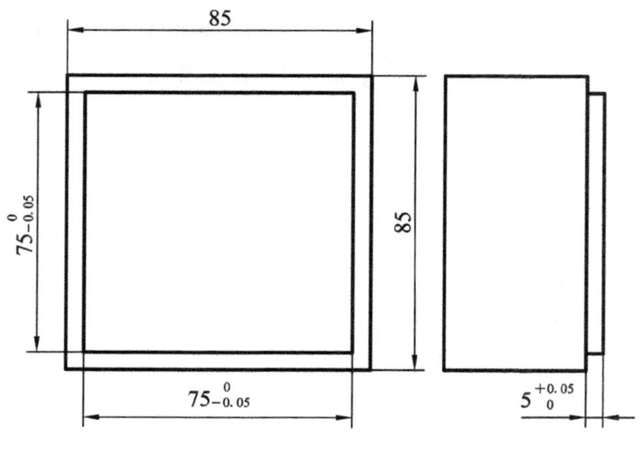

图 5-1 练习件 1

【任务实施】

毛坯：ϕ85×85 硬铝，高度大于 30 mm。
刀具：ϕ8 直柄铣刀。
工艺：(1) 找正平口钳。
(2) 夹持工件一次加工完成。
加工：(1) 编程并输入程序。
(2) 对刀并确定起点，启动程序。
参考加工程序：

```
O1235;
N10 G54 G90 G00 Z100;
N20 G80 G40 G49 G17;
N30 M03 S800;
N40 G00 X37.5 Y50;
N50 Z50;
N60 Z10;
N70 G01 Z-5 F100;
N80 Y-37.5 F120;
N90 X-37.5;
N100 Y37.5;
N110 X45;
N120 G00 Z100;
N130 X0 Y0;
```

```
N140 M05;
N150 M30;
```

任务二　圆角凸台的加工

【目的要求】

（1）进一步掌握用试切法建立工件坐标系的操作步骤(使用基准刀在G54工件坐标系下建立)。

（2）掌握圆角凸台的加工编程方法。

【任务内容】

（1）编制如图5-2所示圆角凸台的程序并加工出零件。

（2）安装和调整平口钳。

（3）用试切法建立工件坐标系。

【任务实施】

毛坯：ϕ85×85硬铝，高度大于30 mm。

刀具：ϕ8直柄铣刀。

工艺：夹持工件一次加工完成。

加工：（1）编程并输入程序。

（2）对刀并确定起点，启动程序。

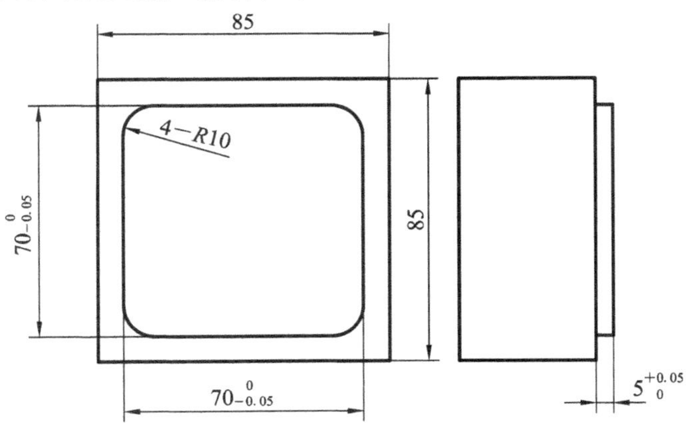

图5-2　练习件2

参考加工程序：

```
O1236;
N10 G54 G90 G00 Z100;
N20 G80 G40 G49 G17;
N30 M03 S800;
N40 G00 X50 Y0;
```

```
N50 Z50;
N60 Z10;
N70 G01 Z-5 F100;
N80 G41 X41 Y6 D01 F200;
N90 G03 X35 Y0 R6;
N100 G01 Y-25 F120;
N110 G02 X25 Y-35 R10;
N120 G01 X-25;
N130 G02 X-35 Y-25 R10;
N140 G01 Y25;
N150 G02 X-25 Y35 R10;
N160 G01 X25;
N170 G02 X35 Y25 R10;
N180 G01 Y0;
N190 G03 X41 Y-6 R6;
N200 G40 X50 Y0;
N210 G00 Z100;
N220 X0 Y0;
N230 M05;
N240 M30;
```

任务三　正多边形凸台的加工

【目的要求】

(1) 进一步掌握用试切法建立工件坐标系的操作步骤(使用基准刀在 G54 工件坐标系下建立)。

(2) 掌握正多边形凸台的加工编程方法。

【任务内容】

(1) 编制如图 5－3 所示正多边形凸台的程序并加工出零件。

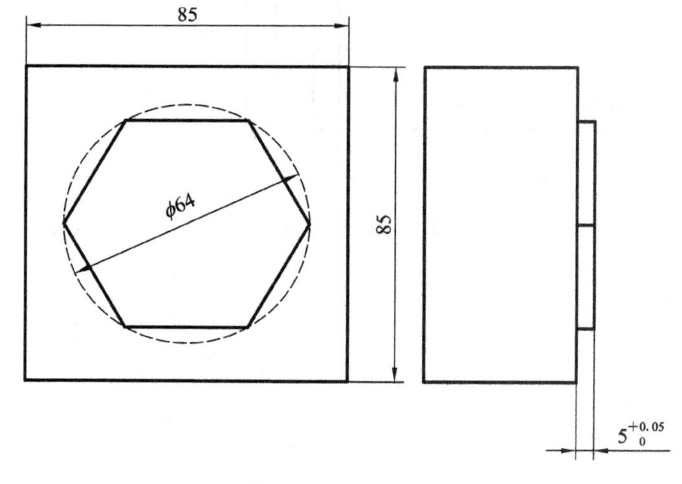

图 5－3　练习件 3

(2) 安装和调整平口钳。

(3) 用试切法建立工件坐标系。

【任务实施】

毛坯：ϕ85×85 硬铝，高度大于 30 mm。

刀具：ϕ8 直柄铣刀。

工艺：夹持工件一次加工完成。

加工：(1) 编程并输入程序。

(2) 对刀并确定起点，启动程序。

参考加工程序：

```
O1237;
N10 G80 G17 G49 G40;
N20 G90 G54 G00 Z100;
N30 S1000 M03;
N40 G00 X50 Y30;
N50 Z10;
N60 G01 Z-5 F200;
N70 G42 X45 Y27.713 D01;
N80 X-16 F150;
N90 X-32 Y0;
N100 X-16 Y-27.713;
N110 X16;
N120 X32 Y0;
N130 X16 Y27.713;
N140 G00 Z100;
N150 M05;
N160 M30;
```

任务四　内腔的加工

【目的要求】

(1) 进一步掌握用试切法建立工件坐标系的操作步骤(使用基准刀在 G54 工件坐标系下建立)。

(2) 掌握内腔的加工编程方法。

【任务内容】

(1) 编制如图 5－4 所示内腔的程序并加工出零件。

(2) 安装和调整平口钳。

(3) 用试切法建立工件坐标系。

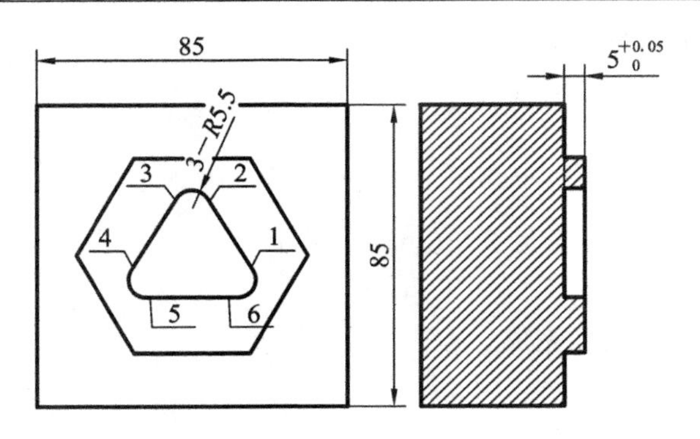

点坐标：

1. X16.021　　Y−3.750
2. X4.763　　Y 15.750
3. X−4.763　　Y 15.750
4. X−16.021　　Y −3.750
5. X−11.258　　Y−12

6、X11.258　　Y−12

图 5-4　练习件 4

【任务实施】

毛坯：ϕ85×85 硬铝，高度大于 20 mm。

刀具：ϕ10 直柄键槽铣刀。

工艺：夹持工件一次加工完成。

加工：(1) 编程并输入程序。

(2) 对刀并确定起点，启动程序。

参考加工程序：

```
O1238；(注：选用直径小于等于 10 mm 的键槽铣刀)
N10 G54 G90 G00 Z100；
N20 G80 G17 G49 G40；
N30 M03 S1000；
N40 G00 X17 Y3；
N50 Z50；
N60 Z10；
N70 G41 X16.021 Y-3.75 D01；
N80 G01 Z-5 F60；
N90 X4.763 Y15.75 F130；
N100 G03 X-4.763 R5.5；
N110 G01 X-16.021 Y-3.75；
N120 G03 X-11.258 Y-12 R5.5；
N130 G01 X11.258；
N140 G03 X16.021 Y-3.75 R5.5；
N150 G01 Z10 F300；
```

```
N160 G00 Z100;
N170 G40 Y10;
N180 M05;
N190 M30;
```

任务五　凸台与内腔的综合加工

【目的要求】

（1）进一步掌握用试切法建立工件坐标系的操作步骤（使用基准刀在G54工件坐标系下建立）。

（2）掌握凸台与内腔的综合加工编程方法。

【任务内容】

（1）编制如图5-5所示凸台与内腔的综合加工的程序并加工出零件。

（2）安装和调整平口钳。

（3）用试切法建立工件坐标系。

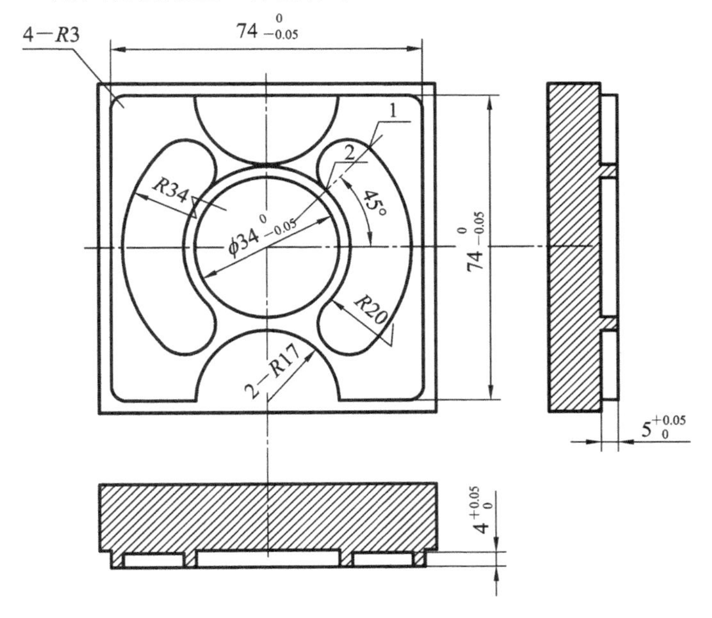

图5-5　练习件5

【任务实施】

毛坯：ϕ85×85硬铝，高度大于30 mm。

刀具：ϕ10直柄键槽铣刀。

工艺：夹持工件一次加工完成。

加工：（1）编程并输入程序。

（2）对刀并确定起点，启动程序。

参考加工程序：

```
O1239;
N10 G54 G90 G00 Z100;
N20 G80 G17 G49 G40;
N30 M03 S1000;
N40 G00 X18 Y50;
N50 Z10;
N60 G01 Z-5 F100;
N70 G42 X17 Y45 D01;
N80 Y37;
N90 G02 X-17 Y37 R17;
N100 G01 X-34;
N110 G03 X-37 Y34 R3;
N120 G01 Y-34;
N130 G03 X-34 Y-37 R3;
N140 G01 X34;
N150 G03 X37 Y-34 R3;
N160 G01 Y34;
N170 G03 X34 Y37 R3;
N180 G01 X0;
N190 G00 Z100;
N200 G40 Y45;
N210 M05;
N220 M30;
```

O1240；(注：选用直径小于等于 14 mm 的键槽刀)

```
N10 G54 G90 G00 Z100;
N20 G80 G17 G49 G40;
N30 M03 S1000;
N40 G00 X25 Y23;
N50 Z10;
N60 G41 X24.042 Y24.042 D01;
N70 G01 Z-5 F60;
N80 G03 X14.142 Y14.142 R7 F120;
N90 G02 X14.142 Y-14.142 R20;
N100 G03 X24.042 Y-24.042 R7;
N110 G03 X24.042 Y24.042 R34;
N120 G00 Z10;
N130 G40 X20;
N140 X-25 Y23;
N150 G41 X-24.042 Y24.042 D01;
N160 G01 Z-5 F60;
N170 G03 X-24.042 Y-24.042 R34;
```

```
N180 X-14.142 Y-14.142 R7;
N190 G02 X-14.142 Y14.142 R20;
N200 G03 X-24.042 Y24.042 R7;
N210 G00 Z100;
N220 G40 Y30;
N230 M05;
N240 M30;

O1241;（注：选用直径小于等于 12 mm 的键槽刀）
N10 G54 G90 G00 Z100;
N20 G80 G17 G49 G40;
N30 M03 S1000;
N40 G00 X0 Y0;
N50 Z10;
N60 G01 Z-5 F60;
N70 G41 X6 Y11 D01 F120;
N80 G03 X0 Y17 R6;
N85 G03 I0 J-17;
N90 G03 X-6 Y11 R6;
N100 G40 X0 Y0;
N110 G00 Z100;
N120 M05;
N130 M30;
```

任务六　综合零件的加工

【目的要求】

（1）进一步掌握用试切法建立工件坐标系的操作步骤（使用基准刀在 G54 工件坐标系下建立）。

（2）掌握复杂零件的综合加工编程方法。

【任务内容】

（1）编制如图 5－6 所示凸台与内腔的综合加工的程序并加工出零件。

（2）安装和调整平口钳。

（3）用试切法建立工件坐标系。

【任务实施】

毛坯：ϕ85×85 硬铝，高度大于 30 mm。

刀具：ϕ10 直柄键槽铣刀。

工艺：夹持工件一次加工完成。

加工：(1) 编程并输入程序。

(2) 对刀并确定起点，启动程序。

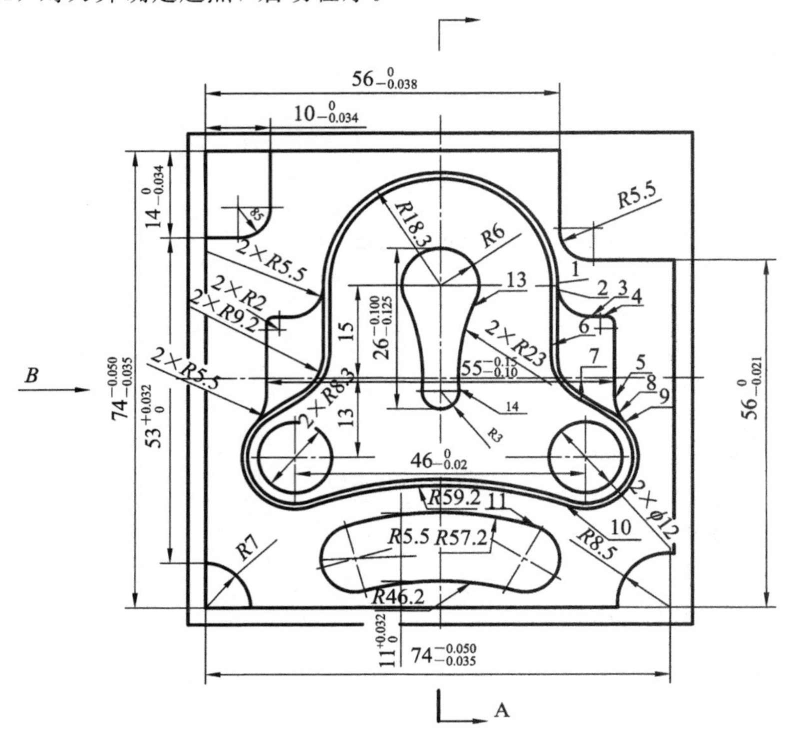

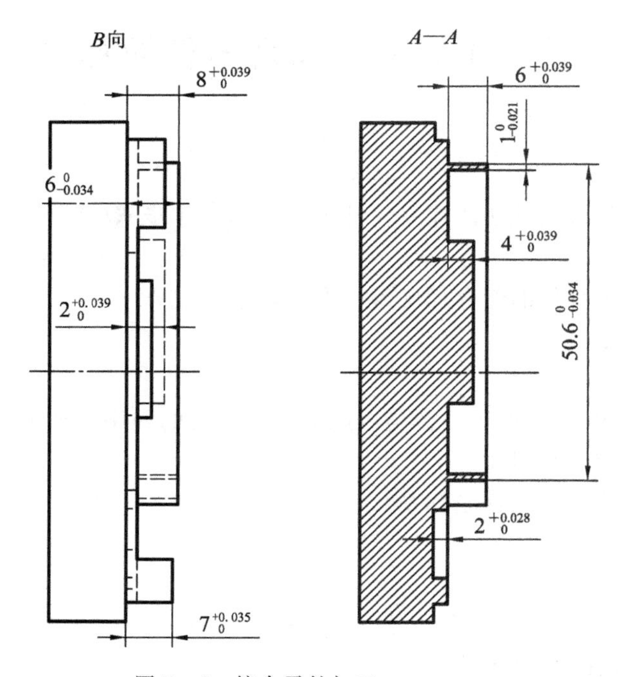

图 5-6　综合零件加工

参考加工程序：

```
O0111（外轮廓 D01 值为刀具半径）
N10 G90 G54 G17 G40 G49 G80;
N20 M03 S2000;
N30 G00 Z100 M08;
N40 X37 Y60;
N50 Z20;
N60 G01 Z5 F1000;
N70 G41 Y50 D01;
N80 Z-8 F200;
N90 Y-28.5;
N100 G03 X28.5 Y-37 R8.5;
N110 X-37;
N120 Y37;
N130 X19;
N140 Y19, R5.5;
N150 X50;
N160 G00 Z100;
N170 G91 G28 Y0;
N180 M09;
N190 M05;
N200 M30;

O0112（左下角凸台 1）
N10 G90 G54 G17 G40 G49 G80;
N20 M03 S2000;
N30 G00 Z100;
N40 M08;
N50 X-60 Y-30;
N60 Z20;
N70 G01 Z5 F1000;
N80 G41 X-50 D01;
N90 Z-6 F200;
N100 X-30, R7;
N110 Y-50;
N120 G00 Z100;
N130 G91 G28 Y0;
N140 M09;
N150 M05;
N160 M30;

O0113（左下角凸台 2）
N10 G90 G54 G17 G40 G49 G80;
```

```
N20 M03 S2000;
N30 G00 Z100;
N40 M08;
N50 X-60 Y-30;
N60 Z20;
N70 G01 Z5 F1000;
N90 Z-1 F200;
N100 X-30,R7;
N110 Y-50;
N120 G00 Z100;
N130 G91 G28 Y0;
N140 M09;
N150 M05;
N160 M30;

O0114（左上角凸台 1）
N10 G90 G54 G17 G40 G49 G80;
N20 M03 S2000;
N30 G00 Z100;
N40 M08;
N50 X-27 Y60;
N60 Z20;
N70 G01 Z5 F1000;
N80 G41 Y50 D01;
N90 Z-6 F200;
N100 Y23, R5;
N110 X-50;
N120 G00 Z100;
N130 G91 G28 Y0;
N140 M09;
N150 M05;
N160 M30;

O0114（左上角凸台 2）
N10 G90 G54 G17 G40 G49 G80;
N20 M03 S2000;
N30 G00Z 100;
N40 M08;
N50 X-27 Y60;
N60 Z20;
N70 G01 Z5 F1000;
N80 G41 Y50 D01;
N90 Z-2 F300;
```

N100 Y23，R5；
N110 X-50；
N120 G00 Z100；
N130 G91 G28 Y0；
N140 M09；
N150 M05；
N160 M30；

O0115（腰形槽）
N10 G90 G54 G17 G40 G49 G80；
N20 M03 S2000；
N30 G00 Z100；
N40 M08；
N50 X0 Y-23.969；
N60 Z20；
N70 G01 Z5 F1000；
N80 G41 X-14 D01；
N90 Z-6 F200；
N100 X-14.804；
N110 G03 X-11.975 Y-34.595 R5.5；
N120 G02 X11.975 R46.2；
N130 G03 X14.804 Y-23.969 R5.5；
N140 X-14.804；
N150 G00 Z100；
N160 G91 G28 Y0；
N170 M09；
N180 M05；
N190 M30；

O0116（中间外轮廓 1）
N10 G90 G54 G17 G40 G49 G80；
N20 M03 S2000；
N30 G00 Z100；
N40 M08；
N50 X-10 Y33.3；
N60 Z20；
N70 G01 Z5 F1000；
N80 G41 X-5 D01；
N90 Z-6 F200；
N100 X0；
N110 G02 X18.296 Y15.384 R18.3；
N120 G01 X18.289 Y14.378；
N130 G03 X23.795 Y10 R5.5；

```
N140 G01 X27.5, R2;
N150 Y-3.49;
N160 G03 X29.014 Y-7.28 R5.5;
N170 G02 X20.172 Y-20.803 R8.3;
N180 G03 X-20.172 R59.2;
N190 G02 X-29.014 Y-7.28 R8.5;
N200 G03 X-27.5 Y-3.49 R5.5 ;
N210 G01 Y10 ,R2 ;
N220 X-23.75 ;
N230 G03 X-18.289 Y14.378 R5.5;
N240 G01 X-18.296 Y15.384;
N250 G02 X0 Y33.3 R18.3;
N260 G01 X10;
N270 G00 Z100;
N280 G91 G28 Y0;
N290 M09;
N300 M05;
N310 M30;

O0117(中间外轮廓 2)
N10 G90 G54 G17 G40 G49 G80;
N20 M03 S2000;
N30 G00 Z100;
N40 M08;
N50 X-10 Y33.3;
N60 Z20;
N70 G01 Z5 F1000;
N80 G41 X-5 D01;
N90 Z-4 F200 ;
N100 X0;
N110 G02 X18.3 Y15 R18.3;
N120 G01 X17.989 Y5.548;
N130 G03 X22.088 Y-2.424 R9.2;
N140 G01 X27.597 Y-6.09;
N170 G02 X20.172 Y-20.803 R8.3;
N180 G03 X-20.172 R59.2;
N190 G02 X-27.597 Y-6.09 R8.5;
N200 G01 X-22.088 Y-2.424;
N210 G03 X17.989 Y5.548 R9.2;
N240 G01 X-18.3 Y15;
N250 G02 X0 Y33.3 R18.3;
N260 G01 X10;
N270 G00 Z100;
```

N280 G91 G28 Y0；
N290 M09；
N300 M05；
N310 M30；

O0118（铣内槽 D02 值为刀具半径＋0.99）
N10 G90 G54 G17 G40 G49 G80；
N20 M03 S2000；
N30 G00Z 100；
N40 M08；
N50 X-18 Y10；
N60 Z20；
N70 G01 Z5 F1000；
N80 G42 Y15.3 D02；
N90 Z-6 F100 ；
N100 G02 X0 Y33.3 R18；
N110 X18.3 Y15 R18.3；
N120 G01 X17.989 Y5.548；
N130 G03 X22.088 Y-2.424 R9.2；
N140 G01 X27.597 Y-6.09；
N170 G02 X20.172 Y-20.803 R8.3；
N180 G03 X-20.172 R59.2；
N190 G02 X-27.597 Y-6.09 R8.5；
N200 G01 X-22.088 Y-2.424；
N210 G03 X17.989 Y5.548 R9.2；
N240 G01 X-18.3 Y15；
N250 G02 X0 Y33.3 R18.3；
N260 G02 X18. Y15.3 R18；
N270 G00 Z100；
N280 G91 G28 Y0；
N290 M09；
N300 M05；
N310 M30；

O0119（两个圆槽）
N10 G54 G90 G00 Z100；
N20 G80 G17 G49 G40；
N30 M03 S1000；
N40 G00 X23 Y-13；
N50 Z50；
N60 Z10；
N70 G41 X29 Y-13 D01；
N80 G01 Z-8 F60；

```
N90 G03 I-6 F120;
N100 G00 Z10;
N110 G40 X15;
N120 X-23 Y-13;
N130 G41 X-17 D01;
N140 G01 Z-8 F60;
N150 G03 I-6 F120;
N160 G00 Z100;
N170 G40 Y0;
N180 M05;
N190 M30;

O0120（中间凸台）
N10 G54 G90 G00 Z100;
N20 G80 G17 G49G40;
N30 M03 S1000;
N40 G00 X10 Y-4;
N50 Z50;
N60 Z10;
N70 G41 X4 Y-5 D01;
N80 G01 Z-6 F60;
N90 X0 F120;
N100 G02 X-2.97 Y-1.579 R3;
N110 G03 X-5.326 Y12.237 R23;
N120 G02 X5.326 R6;
N130 G03 X2.97 Y-1.579 R23;
N140 G02 X0 Y-5R3;
N150 G01 X-4;
N160 G00 Z100;
N170 G40 Y0;
N180 M05;
N190 M30;
```

实训项目六　数控铣床高级加工实训

实训项目六以五种典型加工方法为载体，通过五个任务的实训，要求掌握数控铣床孔系加工方法、比例缩放加工方法、镜像加工方法、旋转加工方法和极坐标编程的加工方法，进一步巩固数控铣床程序的编辑方法和数控铣床的对刀方法。

【学习目标】

知识目标：
（1）掌握子程序的编程及加工方法。
（2）掌握比例缩放的编程及加工方法。
（3）掌握镜像的编程及加工方法。
（4）掌握旋转的编程及加工方法。
（5）掌握极坐标的编程及加工方法。
技能目标：
（1）掌握 G51、G68 等指令代码的格式及编程技巧。
（2）进一步掌握零件的安装与定位的基本原理与方法。
（3）进一步掌握刀具的使用方法。
（4）进一步提高对刀的准确性，不断掌握数控加工技巧。

【工作任务】

任务一　孔系加工。
任务二　比例缩放加工。
任务三　镜像加工。
任务四　坐标旋转。
任务五　极坐标编程。
本项目的例题具有一定的技巧性，可以简化编程。

任务一　孔 系 加 工

【目的要求】

（1）进一步掌握用试切法建立工件坐标系的操作步骤（使用基准刀在 G54 工件坐标系下建立）。
（2）掌握孔系加工的编程方法。

【任务内容】

（1）编制如图 6－1 所示孔系加工件的程序并加工出零件。

（2）安装和调整平口钳。

（3）用试切法建立工件坐标系。

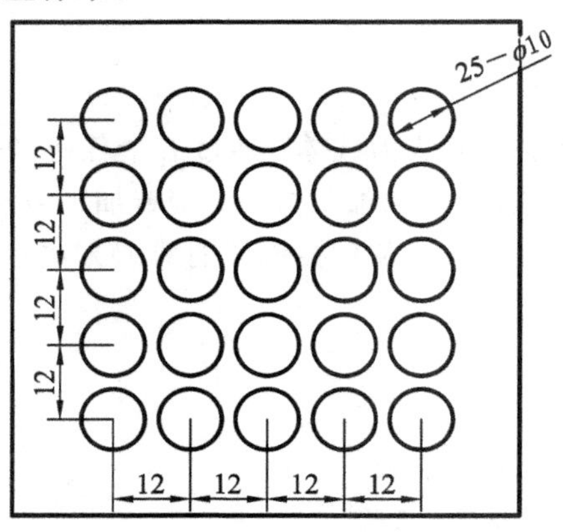

孔深均为 3

图 6－1　孔系加工练习件

【任务实施】

（1）编程并输入程序。

（2）对刀并确定起点，启动程序。

参考加工程序：

```
O1242;
N10 G54 G90 G00 Z100;
N20 G80 G49 G40 G17;
N30 G00 X-36 Y-36;
N40 Z50;
N50 Z20;
N60 M98 P1243 L5;
N70 G00 Z100;
N80 M05;
N90 M30;
O1243;
N10 G91 Y12;
N20 G90 M98 P1244 L5;
N30 G00 X-36;
N40 M99;
O1244;
N10 G91 G99 G81 X12 Y0 G90 Z-3 R8 F100;
N20 G90;
N30 M99;
```

任务二　比例缩放加工

【目的要求】

（1）进一步掌握用试切法建立工件坐标系的操作步骤(使用基准刀在 G54 工件坐标系下建立)。

（2）掌握比例缩放的加工编程方法。

【任务内容】

（1）编制如图 6-2 所示比例缩放加工件的程序并加工出零件。

（2）安装和调整平口钳。

（3）用试切法建立工件坐标系。

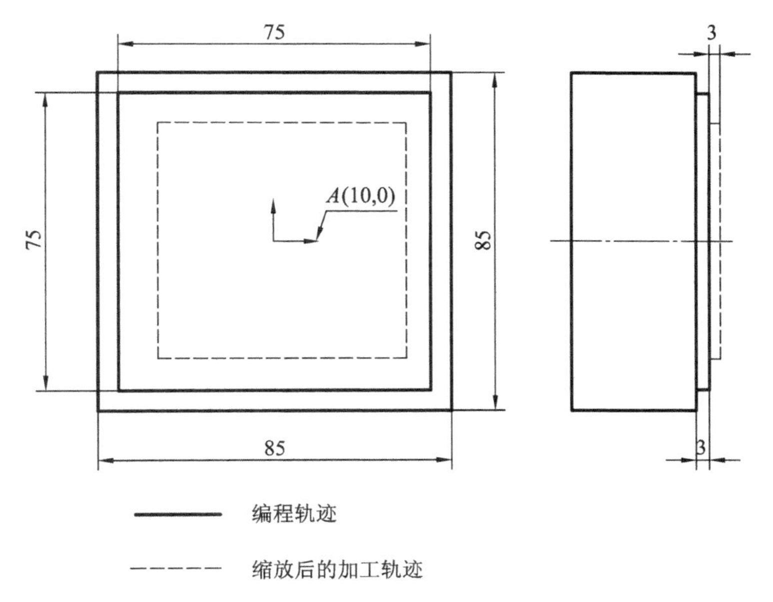

图 6-2　比例缩放加工练习件

【任务实施】

（1）编程并输入程序。

（2）对刀并确定起点，启动程序。

如图 6-2 所示，毛坯为 85×85 的方料，按图纸要求加工轮廓，然后将轮廓以 *A* 点为基点进行等比例缩放，缩放比例为 0.8，试编写加工程序。

参考加工程序：

```
O1234;
N10 G54 G40 G49 G80 G90 G17;
N20 G00 Z200;
```

```
N30 M03 S900;
N40 M08;
N50 G00 X55 Y37.5;
N60 G00 Z-3;
N70 G51 I10 J0 P800;
N80 G42 G01 X50 D01 F100;
N90 X-37.5;
N100 Y-37.5;
N110 X37.5;
N120 Y50;
N130 G40 X55;
N140 G50;
N150 G00 Y37.5;
N160 Z-6;
N170 G42 G01 X50 D01 F100;
N180 X-37.5;
N190 Y-37.5;
N200 X37.5;
N210 Y50;
N220 G40 X55;
N230 G00 Z200;
N240 M05;
N250 M30;
```

任务三 镜像加工

【目的要求】

(1) 进一步掌握用试切法建立工件坐标系的操作步骤(使用基准刀在G54工件坐标系下建立)。

(2) 掌握镜像加工的编程方法。

【任务内容】

(1) 编制如图6-3所示镜像加工件的程序并加工出零件。

(2) 安装和调整平口钳。

(3) 用试切法建立工件坐标系。

【任务实施】

(1) 编程并输入程序。

(2) 对刀并确定起点，启动程序。

如图6-3所示，在完成上一次作业的基础上，试按图纸要求完成零件的加工。

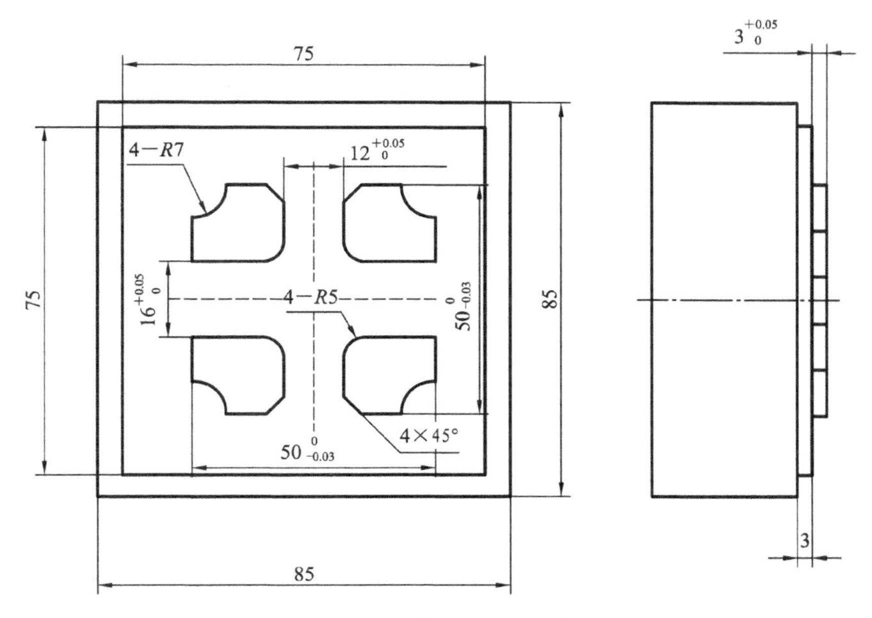

图 6-3　镜像加工练习件

参考加工程序：

```
O1234;
N10 G54 G90 G17 G40 G49 G80;
N20 G00 Z200;
N30 M03 S900;
N40 M08;
N50 G00 X0 Y0;
N60 Z5;
N70 M98 P2;
N80 G51.1 X0;
N90 M98 P2;
N100 G51.1 Y0;
N110 M98 P2;
N120 G50.1 X0;
N130 M98 P2;
N140 G50.1 Y0;
N150 G00 Z200;
N160 M09;
N170 M05;
N180 G91 G28 Y0;
N190 M30;
O0002;
N10 G00 X60 Y25;
N20 G01 Z-3 F100;
N30 G42 X50 D01 F150;
N40 G01 X10;
```

```
N50 X6 Y21;
N60 Y13;
N70 G03 X11 Y8 R5;
N80 G01 X25;
N90 Y18;
N100 G02 X18 Y25 R7;
N110 G01 Y50;
N120 G40 Y60;
N130 G00 Z5;
N140 X0 Y0;
N150 M99;
```

任务四　坐标旋转

【目的要求】

(1) 进一步掌握用试切法建立工件坐标系的操作步骤(使用基准刀在 G54 工件坐标系下建立)。

(2) 掌握坐标旋转的加工编程方法。

【任务内容】

(1) 编制如图 6-4 所示坐标旋转加工件的程序并加工出零件。

(2) 安装和调整平口钳。

(3) 用试切法建立工件坐标系。

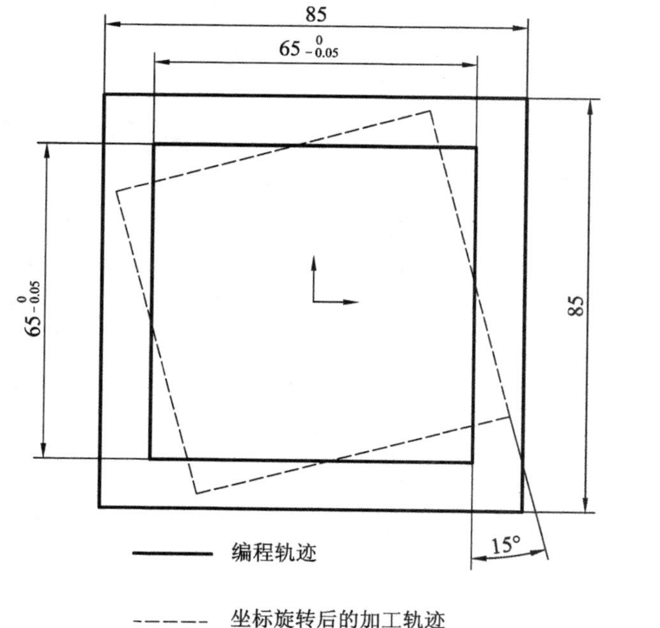

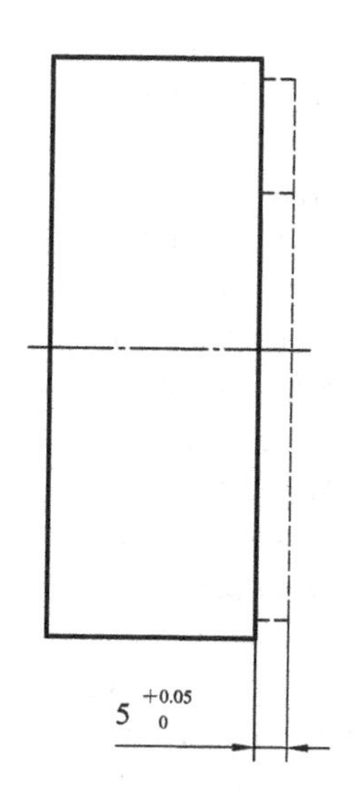

图 6-4　坐标旋转加工件

【任务实施】

（1）编程并输入程序。

（2）对刀并确定起点，启动程序。

如图 6-4 所示，在 85×85 的方料上加工一个 65×65 的方形凸台，并将凸台按逆时针方向旋转 15°，试按图纸要求完成零件的加工。

参考加工程序：

```
O1235;
N10 G54 G17 G40 G49 G80;
N20 G90 G00 Z200;
N30 X0 Y0;
N40 M03 S900;
N50 M08;
N60 Z5;
N70 G68 X0 Y0 R15;
N80 X60 Y32.5;
N90 G01 Z-5 F100;
N100 G42 X50 F150;
N110 X-32.5;
N120 Y-32.5;
N130 X32.5;
N140 Y50;
N150 G40 Y60;
N160 G00 Z200;
N170 G69;
N180 M05;
N190 G91 G28 Y0;
N200 M30;
```

任务五　极坐标编程

【目的要求】

（1）进一步掌握用试切法建立工件坐标系的操作步骤(使用基准刀在 G54 工件坐标系下建立)。

（2）掌握极坐标编程的加工编程方法。

【任务内容】

（1）编制如图 6-5 所示极坐标加工件的程序并加工出零件。

（2）安装和调整平口钳。

（3）用试切法建立工件坐标系。

【任务实施】

（1）编程并输入程序。

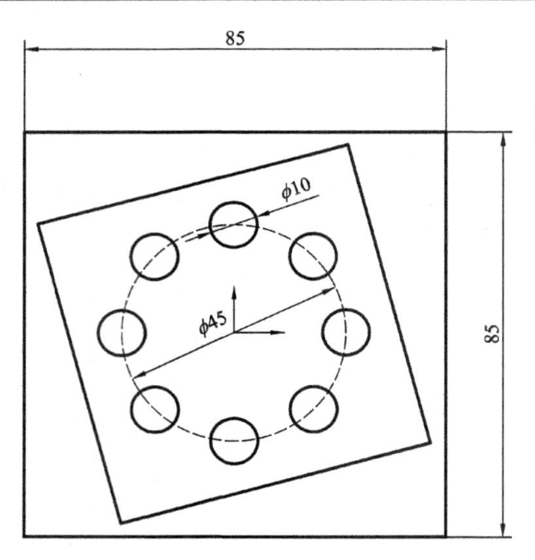

图 6-5　极坐标编程练习件

（2）对刀并确定起点，启动程序。

如图 6-5 所示，在以工件坐标系为中心，直径为 φ45 的圆上分布着 8 个直径为 φ10 的孔，试按图纸要求完成零件的加工。

参考加工程序：

```
O2312;
N10 G54 G17 G40 G49 G80 G90;
N20 G00 Z200;
N30 X0 Y0;
N40 M03 S900;
N50 M08;
N60 Z5;
N70 G16;
N80 G99 G81 X22.5 Y0 Z-4 R2 F60;
N90 Y45;
N100 Y90;
N110 Y135;
N120 Y180;
N130 Y225;
N140 Y270;
N150 Y315;
N160 G80;
N170 G00 Z200;
N180 G15;
N190 M09;
N200 M05;
N210 G91 G28 Y0;
N220 M30;
```

相关知识

6.1　数控铣床的刀具

数控铣床上所采用的刀具要根据被加工零件的材料、几何形状、表面质量要求、热处理状态、切削性能及加工余量等，选择刚性好、耐用度高的刀具。常见刀具如图6-6所示。

图6-6　常见刀具

6.1.1　铣刀类型选择

被加工零件的几何形状是选择刀具类型的主要依据。选择铣刀类型的要点如下：

(1) 加工曲面类零件时，为了保证刀具切削刃与加工轮廓在切削点相切，而避免刀刃与工件轮廓发生干涉，一般采用球头刀，粗加工用两刃铣刀，半精加工和精加工用四刃铣刀，如图6-7所示。

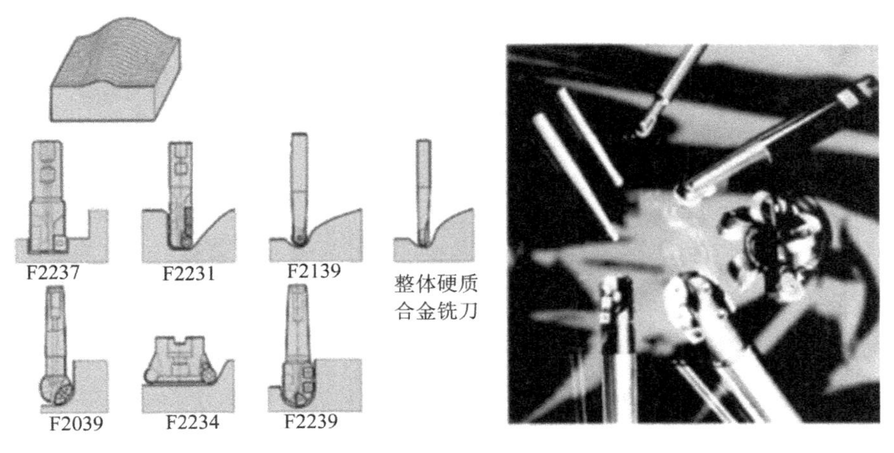

图6-7　加工曲面类铣刀

(2) 铣较大平面时，为了提高生产效率和提高加工表面粗糙度，一般采用刀片镶嵌式盘形铣刀，如图 6-8 所示。

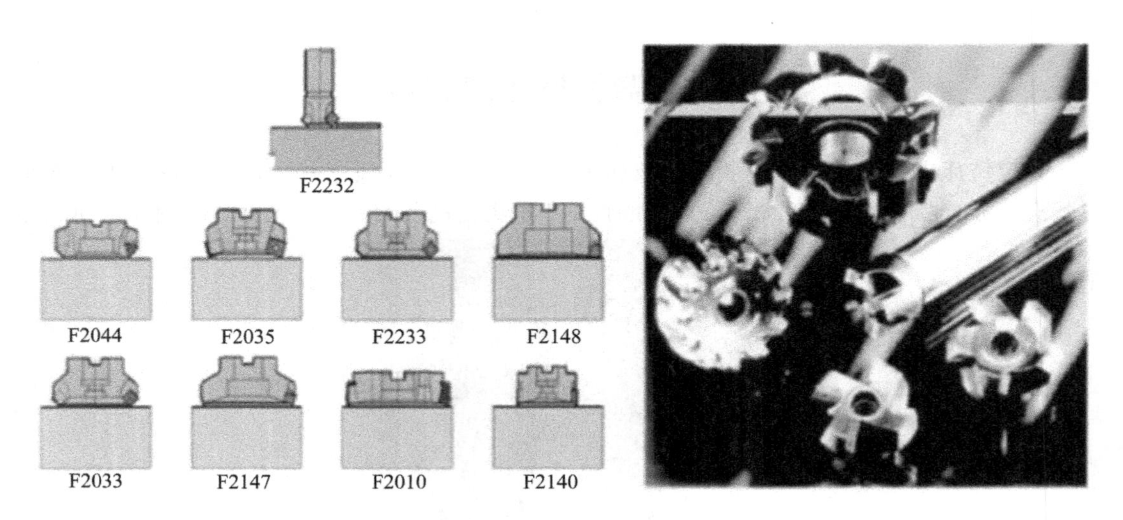

图 6-8　加工大平面铣刀

(3) 铣小平面或台阶面时一般采用通用铣刀，如图 6-9 所示。

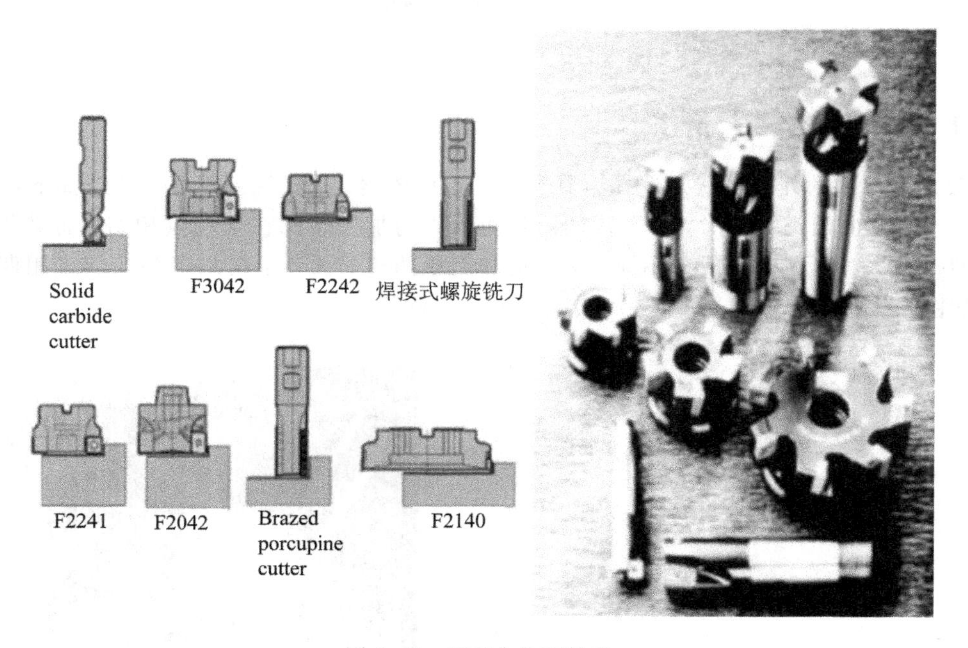

图 6-9　加工台阶面铣刀

(4) 铣键槽时，为了保证槽的尺寸精度，一般用两刃键槽铣刀，如图 6-10 所示。

(5) 孔加工时，可采用钻头、镗刀等孔加工类刀具，如图 6-11 所示。

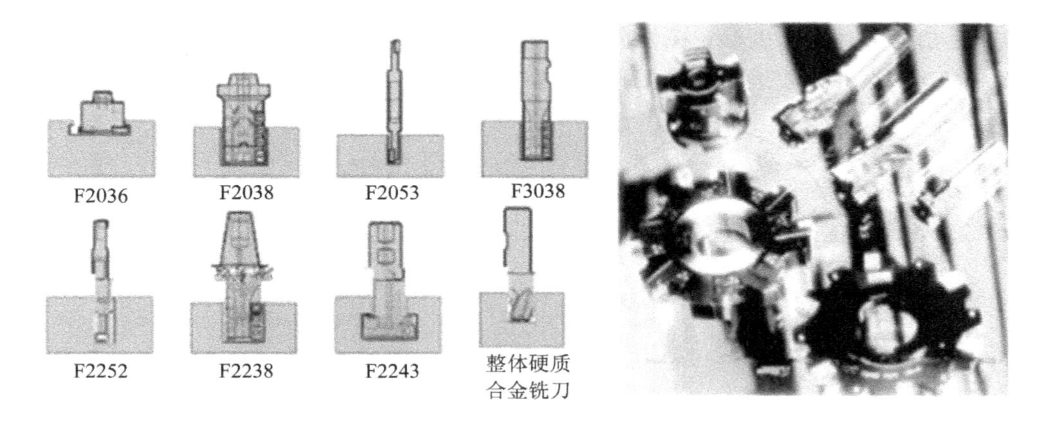

图 6-10　加工槽类铣刀

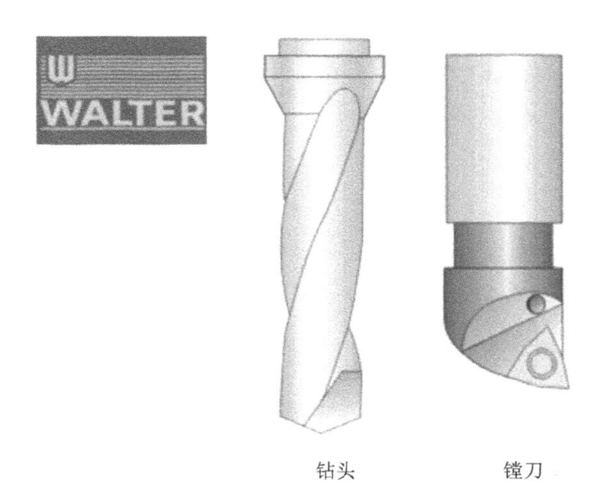

图 6-11　孔加工类刀具

6.1.2　铣刀结构选择

铣刀一般由刀片、定位元件、夹紧元件和刀体组成。由于刀片在刀体上有多种定位与夹紧方式，刀片定位元件的结构又有不同类型，因此铣刀的结构形式有多种，分类方法也较多。主要根据刀片排列方式来选用铣刀。刀片排列方式可分为平装结构和立装结构两大类。

1. 平装结构(刀片径向排列)

平装结构铣刀(如图 6-12 所示)的刀体结构工艺性好，容易加工，并可采用无孔刀片(刀片价格较低，可重磨)。由于需要夹紧元件，刀片的一部分被覆盖，容屑空间较小，且在切削力方向上的硬质合金截面较小，故平装结构的铣刀一般用于轻型和中量型的铣削加工。

2. 立装结构(刀片切向排列)

立装结构铣刀(如图 6-13 所示)的刀片只用一个螺钉固定在刀槽上，结构简单，转位方便。虽然刀具零件较少，但刀体的加工难度较大，一般需用五坐标加工中心进行加工。由于刀片采用切削力夹紧，夹紧力随切削力的增大而增大，因此可省去夹紧元件，增大了容屑空间。由于刀片切向安装，在切削力方向的硬质合金截面较大，因而可进行大切深、大走刀量切削。这种铣刀适用于重型和中量型的铣削加工。

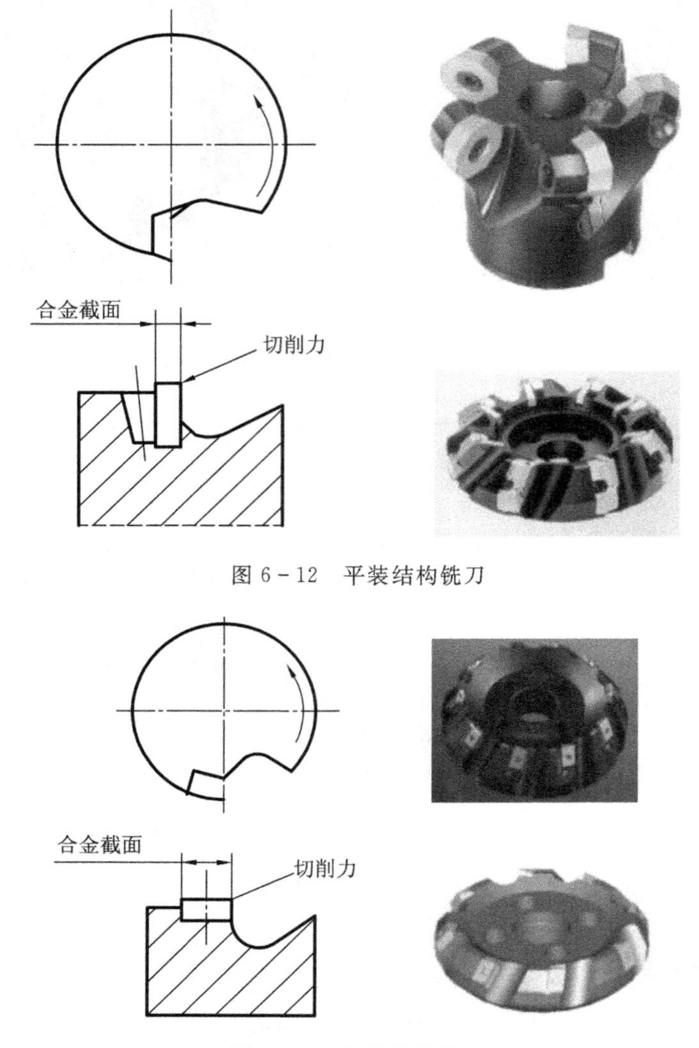

图 6-12　平装结构铣刀

图 6-13　立装结构铣刀

6.1.3　铣刀角度的选择

铣刀的角度有前角、后角、主偏角、副偏角、刃倾角等。为满足不同的加工需要，有多种角度组合形式。各种角度中最主要的是主偏角和前角(制造厂的产品样本中对刀具的主偏角和前角一般都有明确说明)。

1. 主偏角 κ_r

主偏角为切削刃与切削平面的夹角，如图 6-14 所示。铣刀的主偏角有 90°、88°、75°、70°、60°、45°等几种。

主偏角对径向切削力和切削深度影响很大。径向切削力的大小直接影响着切削功率和刀具的抗振性能。铣刀的主偏角越小，其径向切削力越小，抗振性也越好，但切削深度也随之减小。

(1) 90°主偏角。此类铣刀在铣削带凸肩的平面时选用，一般不用于单纯的平面加工。该类刀具通用性好(既可加工台阶面，又可加工平面)，在单件、小批量加工中选用。由于该类刀具的径向切削力等于切削力，进给抗力大，易振动，因而要求机床具有较大功率和足够的刚性。在加工带凸肩的平面时，也可选用88°主偏角的铣刀，较之90°主偏角铣刀，其切削性能有一定改善。

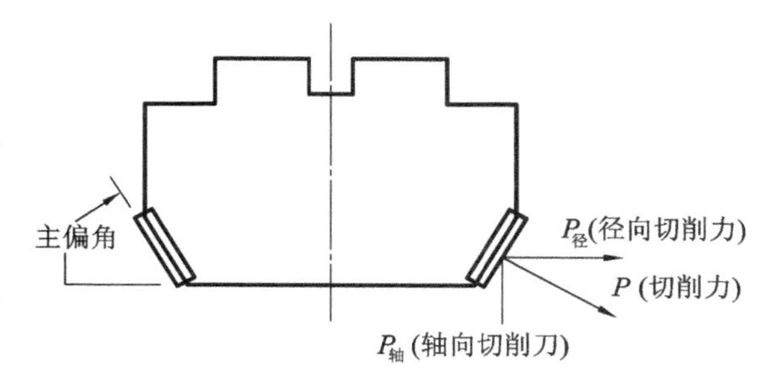

图6-14　主偏角

(2) 60°～75°主偏角。此类铣刀适用于平面铣削的粗加工。由于这类铣刀的径向切削力明显减小(特别是60°时)，因此其抗振性有较大改善，切削平稳、轻快，在平面加工中应优先选用。75°主偏角铣刀为通用型刀具，适用范围较广；60°主偏角铣刀主要用于镗铣床、加工中心上的粗铣和半精铣加工。

(3) 45°主偏角。此类铣刀的径向切削力大幅度减小，约等于轴向切削力，切削载荷分布在较长的切削刃上，具有很好的抗振性，适用于镗铣床主轴悬伸较长的加工场合。用该类刀具加工平面时，刀片破损率低，耐用度高；在加工铸铁件时，工件边缘不易产生崩刃。

2. 前角 γ

铣刀的前角可分解为径向前角 γ_f(见图6-15(a))和轴向前角 γ_p(见图6-15(b))，径向前角 γ_f 主要影响切削功率；轴向前角 γ_p 主要影响切屑的形成和轴向力的方向，当 γ_p 为正值时切屑即飞离加工面。

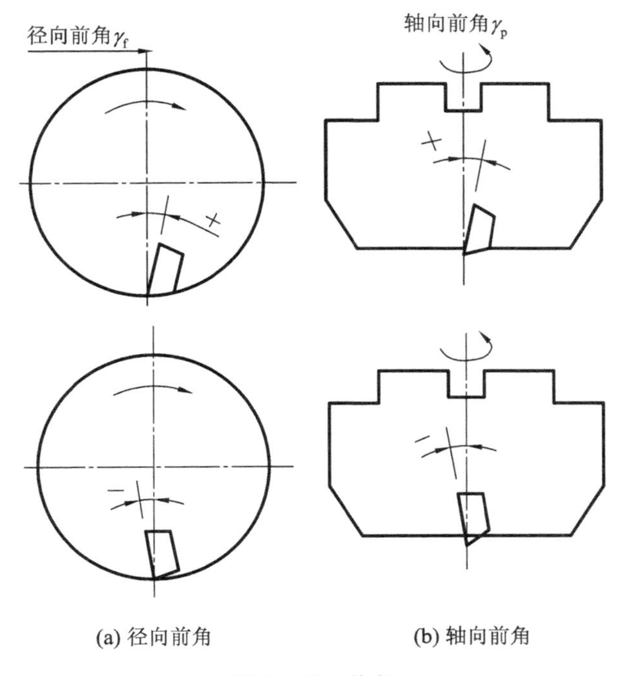

(a) 径向前角　　(b) 轴向前角

图6-15　前角

常用的前角组合形式如下：

(1) 双负前角。双负前角的铣刀通常均采用方形(或长方形)无后角的刀片，刀具切削刃多(一般为8个)，且强度高、抗冲击性好，适用于铸钢、铸铁的粗加工。由于切屑收缩比大，需要较大的切削力，因此要求机床具有较大功率和较高刚性。由于轴向前角为负值，切屑不能自动流出，因此，当切削韧性材料时易出现积屑瘤和刀具振动。

凡能采用双负前角刀具加工时建议优先选用双负前角铣刀，以便充分利用和节省刀片。当采用双正前角铣刀产生崩刃(即冲击载荷大)时，在机床允许的条件下亦应优先选用双负前角铣刀。

(2) 双正前角。双正前角铣刀采用带有后角的刀片，这种铣刀楔角小，具有锋利的切削刃。由于切屑收缩比小，所耗切削功率较小，切屑成螺旋状排出，因此不易形成积屑瘤。这种铣刀最宜用于软材料和不锈钢、耐热钢等材料的切削加工。对于刚性差(如主轴悬伸较长的镗铣床)、功率小的机床和加工焊接结构件时，也应优先选用双正前角铣刀。

(3) 正负前角(轴向正前角、径向负前角)。这种铣刀综合了双正前角和双负前角铣刀的优点，轴向正前角有利于切屑的形成和排出；径向负前角可提高刀刃强度，改善抗冲击性能。此种铣刀切削平稳，排屑顺利，金属切除率高，适用于大余量铣削加工。WALTER公司的切向布齿重切削铣刀F2265就是采用轴向正前角、径向负前角结构的铣刀。

6.1.4 铣刀的齿数(齿距)选择

铣刀齿数多，可提高生产效率，但受容屑空间、刀齿强度、机床功率及刚性等的限制，不同直径的铣刀的齿数均有相应规定。为满足不同用户的需要，同一直径的铣刀一般有粗齿、中齿和密齿三种类型。

(1) 粗齿铣刀：适用于普通机床的大余量粗加工和软材料或切削宽度较大的铣削加工；当机床功率较小时，为使切削稳定，也常选用粗齿铣刀。

(2) 中齿铣刀：系通用系列，使用范围广泛，具有较高的金属切除率和切削稳定性。

(3) 密齿铣刀：主要用于铸铁、铝合金和有色金属的大进给速度切削加工。在专业化生产(如流水线加工)中，为充分利用设备功率和满足生产节奏要求，也常选用密齿铣刀(此时多为专用非标铣刀)。

为防止工艺系统出现共振，使切削平稳，还有一种不等分齿距铣刀。如WALTER公司的NOVEX系列铣刀均采用了不等分齿距技术。在铸钢、铸铁件的大余量粗加工中建议优先选用不等分齿距的铣刀。

6.1.5 铣刀直径的选择

铣刀直径的选用视产品及生产批量的不同差异较大，刀具直径的选用主要取决于设备的规格和工件的加工尺寸。

1. 平面铣刀

选择平面铣刀直径时主要需考虑刀具所需功率应在机床功率范围之内，也可将机床主轴直径作为选取的依据。平面铣刀直径可按$D=1.5d$(d为主轴直径)选取。在批量生产时，也可按工件切削宽度的1.6倍选择刀具直径。

2. 立铣刀

立铣刀直径的选择主要应考虑工件加工尺寸的要求，并保证刀具所需功率在机床额定功率范围以内。如果是小直径立铣刀，则主要应考虑机床的最高转数能否达到刀具的最低切削速度(60 m/min)。

3. 槽铣刀

槽铣刀的直径和宽度应根据加工工件尺寸选择，并保证其切削功率在机床允许的功率范围之内。

6.1.6　刀片牌号的选择

合理选择刀片硬质合金牌号的主要依据是被加工材料的性能和硬质合金的性能。一般选用铣刀时，可按刀具制造厂提供加工的材料及加工条件，来配备相应牌号的硬质合金刀片。

由于各厂生产的同类用途硬质合金的成分及性能各不相同，硬质合金牌号的表示方法也不同。为方便用户，国际标准化组织规定，切削加工用硬质合金按其排屑类型和被加工材料分为三大类：P 类、M 类和 K 类。根据被加工材料及适用的加工条件，每大类中又分为若干组，用两位阿拉伯数字表示，每类中数字越大，其耐磨性越低、韧性越高。

P 类合金(包括金属陶瓷)用于加工产生长切屑的金属材料，如钢、铸钢、可锻铸铁、不锈钢、耐热钢等。其中，组号越大，则应选用越大的进给量和切削深度，而切削速度则应越小。

M 类合金用于加工产生长切屑和短切屑的黑色金属或有色金属，如钢、铸钢、奥氏体不锈钢、耐热钢、可锻铸铁、合金铸铁等。其中，组号越大，则应选用越大的进给量和切削深度，而切削速度则应越小。

K 类合金用于加工产生短切屑的黑色金属、有色金属及非金属材料，如铸铁、铝合金、铜合金、塑料、硬胶木等。其中，组号越大，则应选用越大的进给量和切削深度，而切削速度则应越小。

上述三类合金切削用量的选择原则见如 6－1 所示。

表 6－1　P、M、K 类合金切削用量的选择原则

	P01	P05	P10	P15	P20	P25	P30	P40	P50
	M10	M20	M30	M40					
	K01	K10	K20	K30	K40				
进给量	──────────────→								
背吃刀量	──────────────→								
切削速度	←──────────────								

各厂生产的硬质合金虽然有各自编制的牌号，但都有对应国际标准的分类号，选用十分方便。

6.2　数控铣削的工艺性分析

数控铣削加工工艺性分析是编程前的重要工艺准备工作之一，根据加工实践，数控铣削加工工艺分析所要解决的主要问题大致可归纳为以下几个方面。

6.2.1 选择并确定数控铣削加工部位及工序内容

在选择数控铣削加工内容时，应充分发挥数控铣床的优势和关键作用。主要选择的加工内容有：

(1) 工件上的曲线轮廓，特别是由数学表达式给出的非圆曲线与列表曲线等曲线轮廓，如图 6-16 所示的正弦曲线。

(2) 已给出数学模型的空间曲面，如图 6-17 所示的球面。

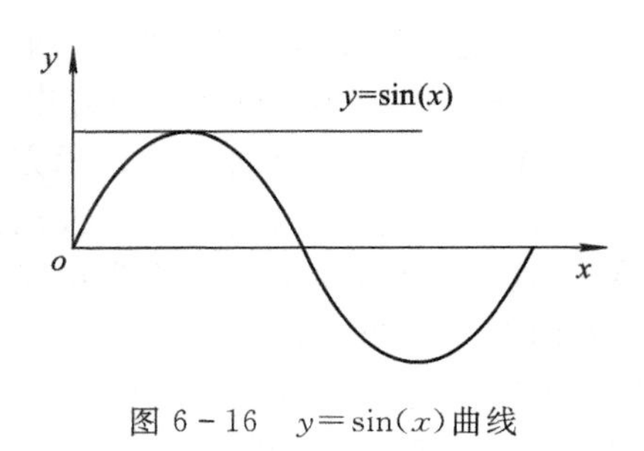

图 6-16　$y=\sin(x)$曲线

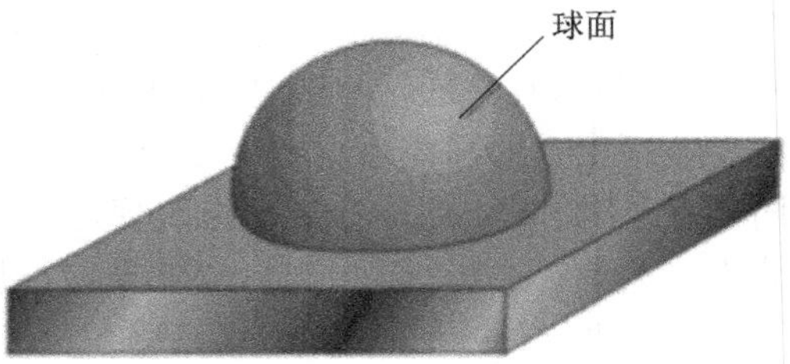

图 6-17　球面

(3) 形状复杂、尺寸繁多、划线与检测困难的部位。

(4) 用通用铣床加工时难以观察、测量和控制进给的内外凹槽。

(5) 以尺寸协调的高精度孔和面。

(6) 能在一次安装中顺带铣出来的简单表面或形状。

(7) 用数控铣削方式加工后，能成倍提高生产率、大大减轻劳动强度的一般加工内容。

6.2.2 零件图样的工艺性分析

根据数控铣削加工的特点，对零件图样进行工艺性分析时，应主要分析与考虑以下问题。

1. 零件图样尺寸的正确标注

由于加工程序是以准确的坐标点来编制的，因此，各图形几何元素间的相互关系(如相切、相交、垂直和平行等)应明确，各种几何元素的条件要充分，应无引起矛盾的多余尺寸或者影响工序安排的封闭尺寸等。例如，零件在用同一把铣刀、同一个刀具半径补偿值编程加工时，由于零件轮廓各处尺寸公差带不同(如图 6-18 所示)，就很难同时保证各处尺寸在尺寸公差范围内。这时一般采取的方法是：兼顾各处尺寸公差，在编程计算时，改变轮廓尺寸并移动公差带，改为对称公差，采用同一把铣刀和同一个刀具半径补偿值进行加工。

2. 统一内壁圆弧的尺寸

加工轮廓上内壁圆弧的尺寸往往限制着刀具的尺寸。

1) 内壁转接圆弧半径 R

如图 6-19 所示，当工件的被加工轮廓高度 H 较小，内壁转接圆弧半径 R 较大时，则可采用刀具切削刃长度 L 较小、直径 D 较大的铣刀加工。这样，底面 A 的走刀次数较少，表面质量较好，因此工艺性较好。反之如图 6-20 所示，即 R 较小时，铣削工艺性则较差。

通常，当 $R<0.2H$ 时，则属工艺性较差。

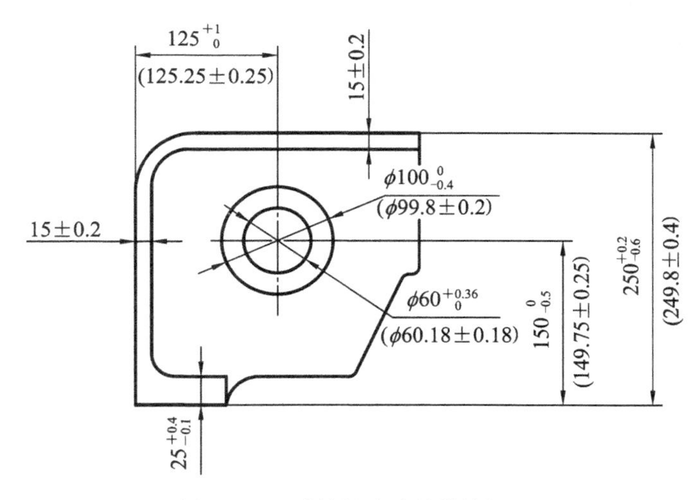

图 6-18　零件尺寸公差带的调整

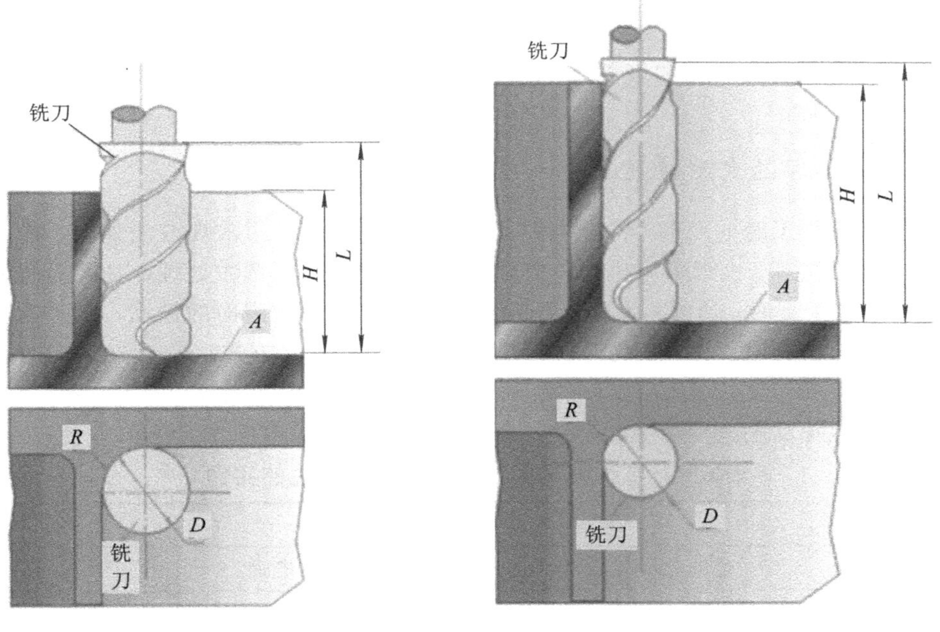

图 6-19　R 较大时　　　　图 6-20　R 较小时

2）内壁与底面转接圆弧半径 r

如图 6-21 所示，当铣刀直径 D 一定时，工件的内壁与底面转接圆弧半径 r 越小，铣刀与铣削平面接触的最大直径 $d=D-2r$ 也越大，铣刀端刃铣削平面的面积越大，则加工平面的能力越强，因此，铣削工艺性越好。反之，工艺性越差，如图 6-22 所示。

当底面铣削面积大，转接圆弧半径 r 也较大时，只能先用一把 r 较小的铣刀加工，再用符合 r 要求的刀具加工，分两次完成切削。

总之，一个零件上内壁转接圆弧半径尺寸的大小和一致性，影响着加工能力、加工质量和换刀次数等。因此，转接圆弧半径尺寸大小要力求合理，半径尺寸尽可能一致，至少要力求半径尺寸分组靠拢，以改善铣削工艺性。

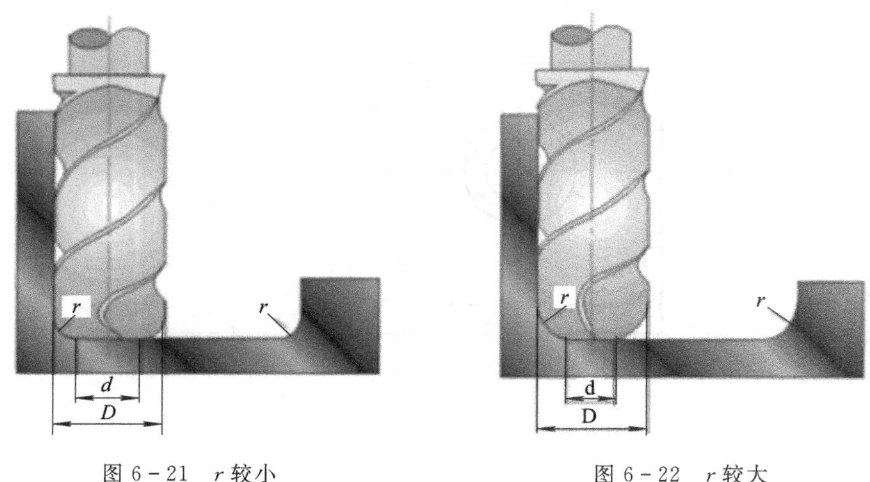

图 6-21　r较小　　　　图 6-22　r较大

注意：有些工件需要在铣削完一面后，再重新安装铣削另一面，由于数控铣削时，不能使用通用铣床加工时常用的试切方法来接刀，因此最好采用统一基准定位，即要遵循“基准统一”的原则。

6.2.3　分析零件的变形情况

铣削工件在加工时的变形，将影响加工质量。这时，可采用常规方法如粗、精加工分开及对称去余量法等，也可采用热处理的方法，如对钢件进行调质处理，对铸铝件进行退火处理等。加工薄板时，切削力及薄板的弹性退让极易产生切削面的振动，使薄板厚度尺寸公差和表面粗糙度难以保证，这时，应考虑合适的工件装夹方式。

总之，加工工艺取决于产品零件的结构形状、尺寸和技术要求等。在表 6-2 中给出了改进零件结构以提高工艺性的一些实例。

表 6-2　改进零件结构以提高工艺性的实例

提高工艺性方法	结构		结果
	改进前	改进后	
铣加工			
改进内壁形状	$R_2<\left(\frac{1}{5}\cdots\frac{1}{6}H\right)$　R_1　H	$R_2>\left(\frac{1}{5}\cdots\frac{1}{6}H\right)$　R_1　H	可采用较高刚性刀具

续表一

提高工艺性方法	结构		结果
	改进前	改进后	
铣加工			
统一圆弧尺寸	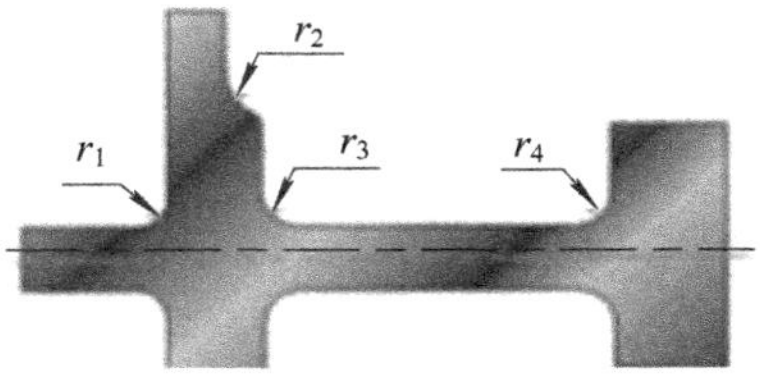	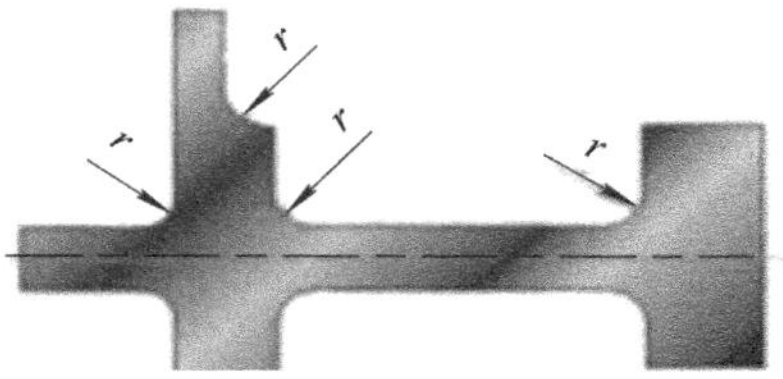	减少刀具数和更换刀具次数，减少辅助时间
选择合适的圆弧半径 R 和 r	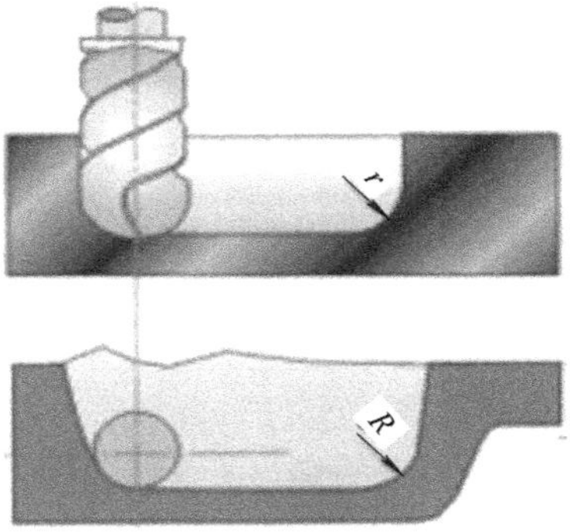	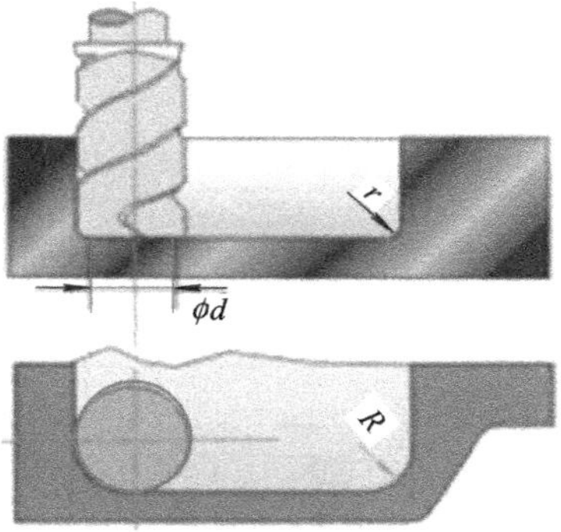	提高生产效率
用两面对称结构			减少编程时间，简化编程
合理改进凸台分布	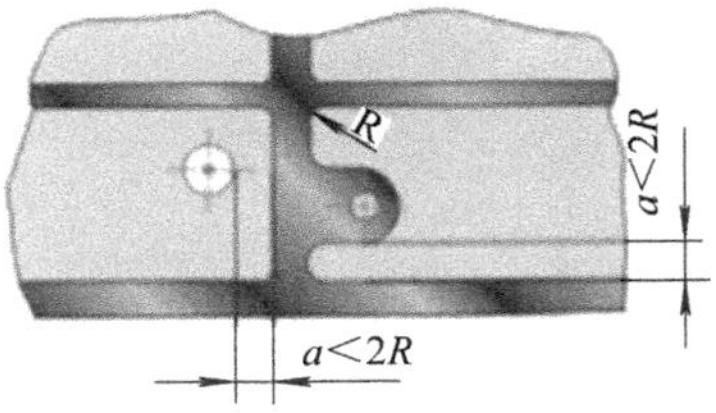	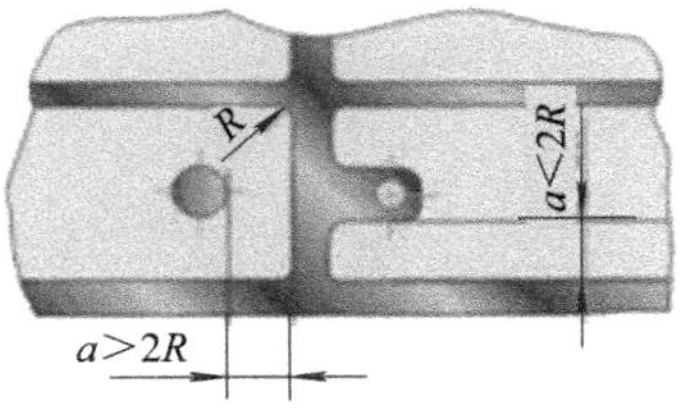 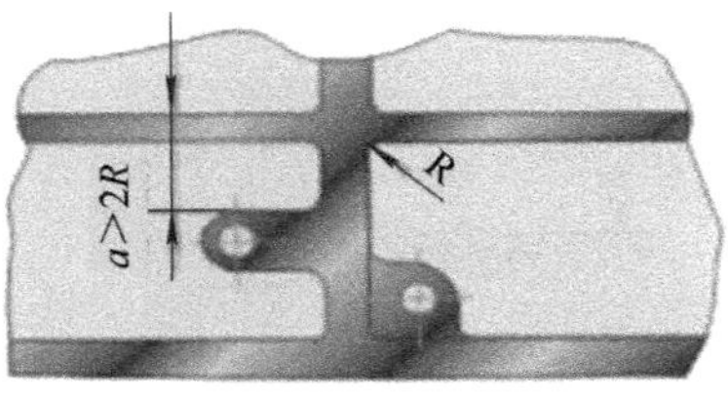	减少加工劳动量

续表二

提高工艺性方法	结构		结果
	改进前	改进后	
铣加工			
改进结构形状	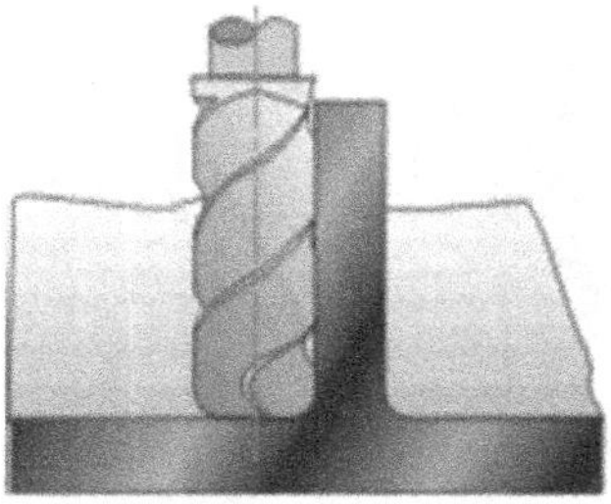	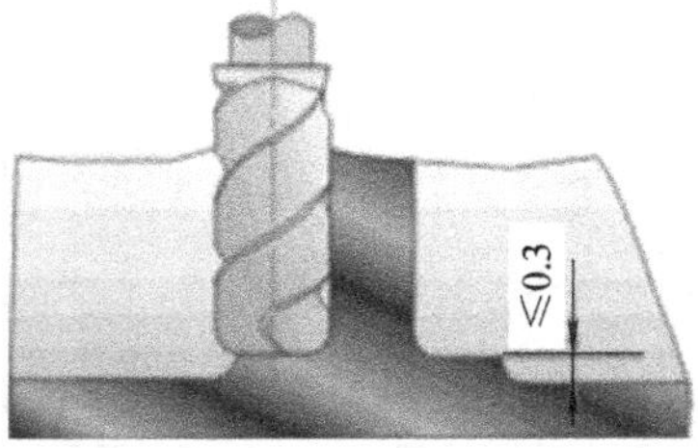≤0.3	减少加工劳动量
	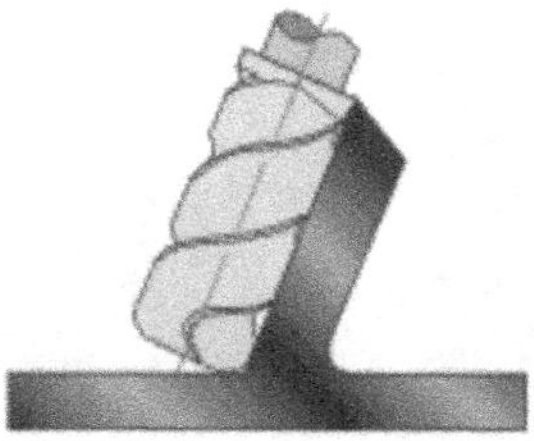	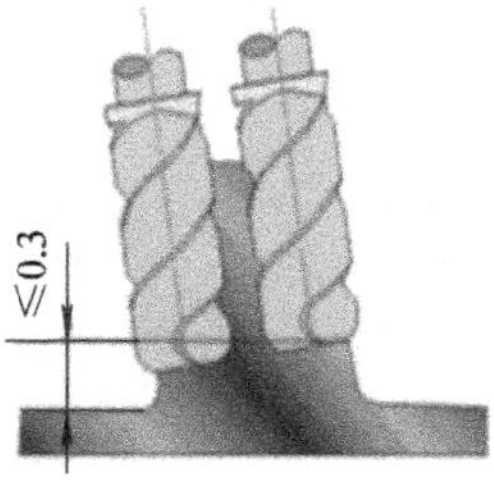≤0.3	减少加工劳动量
改进尺寸比例	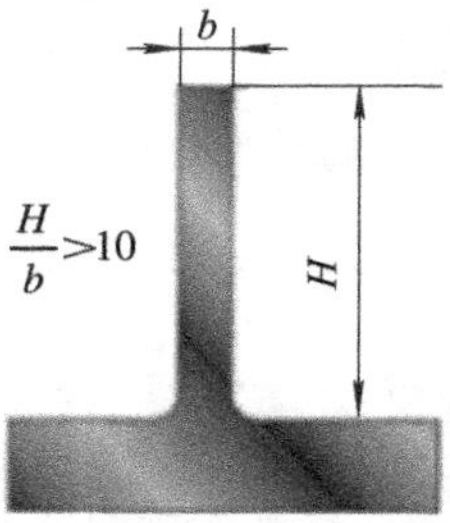b $\frac{H}{b}>10$ H	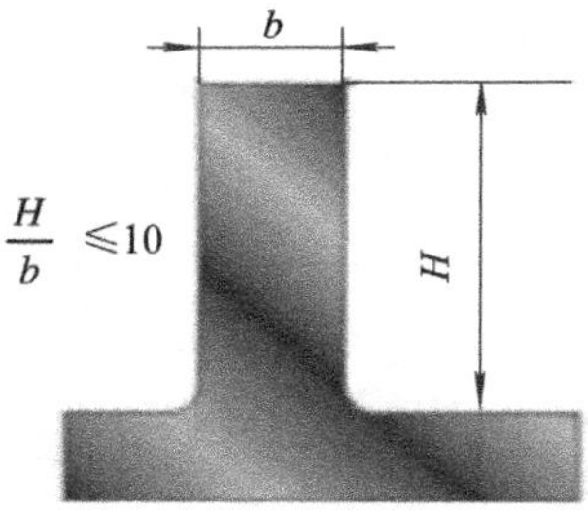b $\frac{H}{b}\leqslant 10$ H	可用较高刚度刀具加工，提高生产效率
在加工和不加工表面间加入过渡	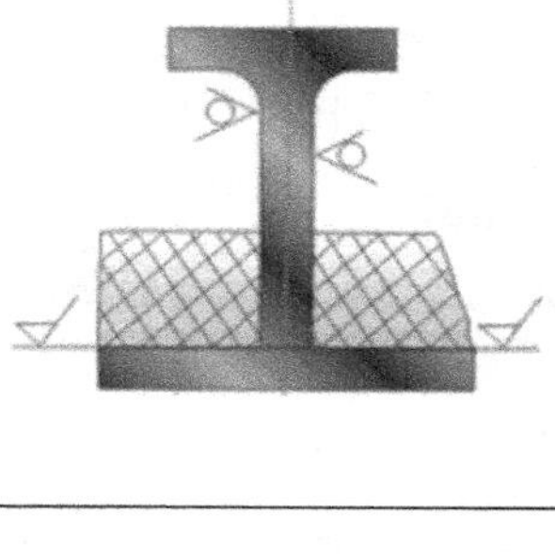	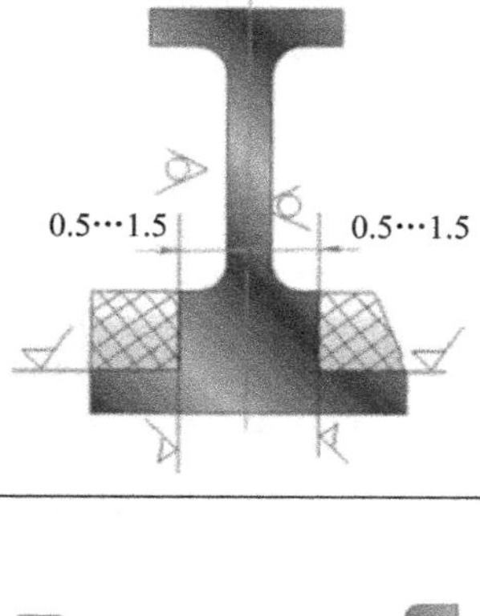0.5…1.5 0.5…1.5	减少加工劳动量
改进零件几何形状	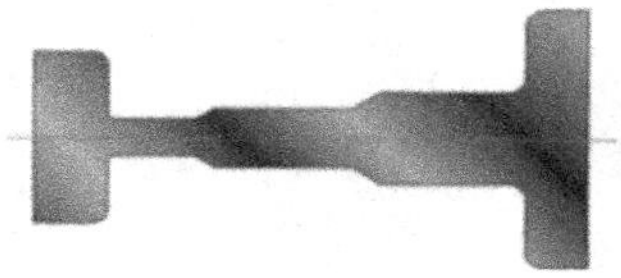	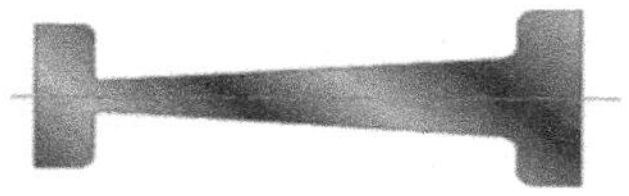	斜面筋代替阶梯筋，节约材料

6.2.4　零件的加工路线

1. 铣削轮廓表面

在铣削轮廓表面时一般采用立铣刀侧面刃口进行切削。对于二维轮廓加工，通常采用的加工路线为：

(1) 从起刀点下刀到下刀点。

(2) 沿切向切入工件。

(3) 轮廓切削。

(4) 刀具向上抬刀，退离工件。

(5) 返回起刀点。

2. 顺铣和逆铣对加工的影响

在铣削加工中，采用顺铣或逆铣方式是影响加工表面粗糙度的重要因素之一。逆铣时切削力 F 的水平分力 F_x 的方向与进给运动 V_f 方向相反，顺铣时切削力 F 的水平分力 F_x 的方向与进给运动 V_f 的方向相同。铣削方式的选择应视零件图样的加工要求、工件材料的性质与特点以及机床、刀具等条件综合考虑。通常，由于数控机床传动采用滚珠丝杠结构，其进给传动间隙很小，顺铣的工艺性就优于逆铣。

图 6－23(a)所示为采用顺铣切削方式精铣外轮廓，图 6－23(b)所示为采用逆铣切削方式精铣型腔轮廓，图 6－23(c)所示为顺、逆铣时的切削区域。

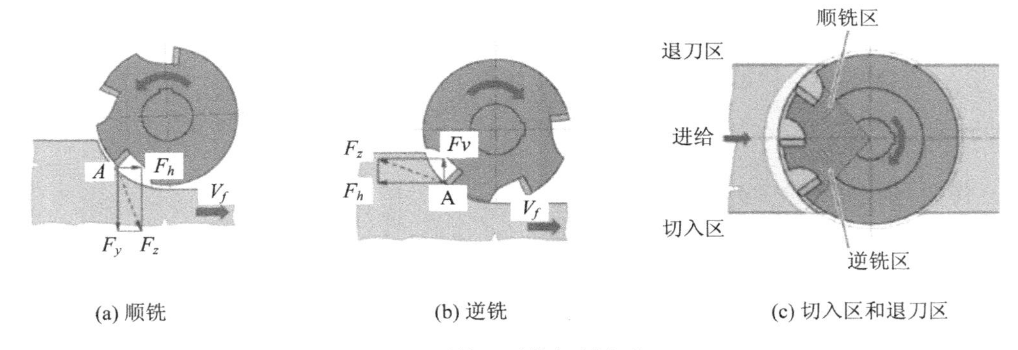

(a) 顺铣　(b) 逆铣　(c) 切入区和退刀区

图 6－23　顺铣和逆铣切削方式

同时，为了降低表面粗糙度值，提高刀具耐用度，对于铝镁合金、钛合金和耐热合金等材料，尽量采用顺铣加工。但如果零件毛坯为黑色金属锻件或铸件，表皮硬且余量较大，则采用逆铣较为合理。

实训项目七　典型零件的数控加工中心实训

实训项目七以四个典型零件为载体，通过四个任务的实训，要求掌握数控加工中心的工艺分析和零件装夹方法，学习数控加工中心程序的编辑方法和对刀方法。

【学习目标】

知识目标：

(1) 掌握盖板零件的装夹方法和数控加工工序工艺。

(2) 掌握盖板零件数控加工刀具选择。

(3) 掌握支套零件的装夹方法和数控加工工序工艺。

(4) 掌握支套零件数控加工刀具选择。

技能目标：

(1) 数控加工工序卡的制定。

(2) 数控加工刀具卡的制定。

(3) 数控加工工序的划分和工序图的绘制。

【工作任务】

任务一　盖板零件的数控加工实训。

任务二　支套零件的数控加工实训。

任务三　异形支架零件的数控加工实训。

任务四　综合实例分析。

本项目综合性强，是较为复杂的加工训练，零件来自工厂生产实际，是新的加工应用，也是对前面学习的总结和提高。

任务一　盖板零件的数控加工实训

【目的要求】

(1) 掌握加工中心的零件装夹方法。

(2) 掌握加工中心的零件加工工艺分析。

【任务内容】

(1) 分析图样，选择加工内容。

（2）选择加工中心。

（3）设计工艺。

【任务实施】

盖板加工表面主要是平面和孔，需经铣平面、钻孔、扩孔、镗孔、铰孔及攻螺纹等工步才能完成。下面以图 7－1 所示盖板为例介绍其加工工艺。零件材料为 HT300，铸件毛坯尺寸(长×宽×高)为 150 mm×120 mm×25 mm，其加工工艺分析如下。

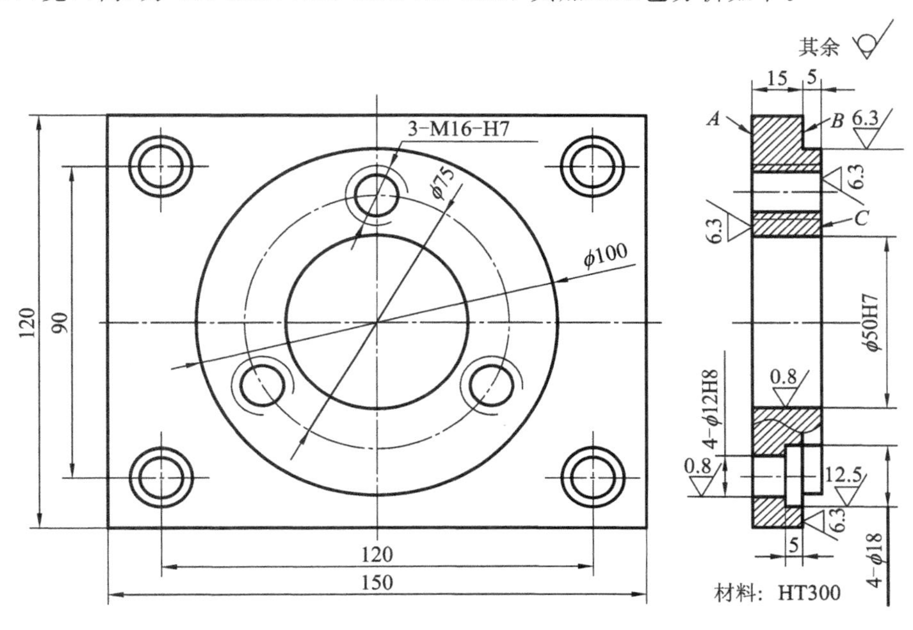

图 7－1　盖板零件简图

1. 分析图样，选择加工内容

该盖板的材料为铸铁，故毛坯为铸件。由图 7－1 可知，盖板的四个侧面为不加工表面，全部加工表面都集中在 *A*、*B*、*C* 面上。最高精度为 IT7 级。从工序集中和便于定位两个方面考虑，选择 *B*、*C* 面及位于 *B* 、*C* 面上的全部孔在加工中心上加工，将 *A* 面作为主要定位基准，并在前道工序中先加工好。

2. 选择加工中心

由于 *B*、*C* 面及位于 *B*、*C* 面上的全部孔只需单工位加工即可完成，故选择立式加工中心。加工表面不多，只有粗铣、精铣、粗镗、半精镗、精镗、钻削、扩削、锪削、铰削及攻螺纹等工步，所需刀具不超过 20 把。选用 HAAS VR－0 型立式加工中心即可满足上述要求。该机床工作台尺寸为 660 mm×356 mm，*X* 轴行程为 508 mm，*Y* 轴行程为 406 mm，*Z* 轴行程为 508 mm，主轴端面至工作台台面距离为 102 mm～610 mm，定位精度和重复定位精度分别为 0.005 mm 和 0.0025 mm，刀库容量为 20 把，工件一次装夹后可自动完成铣削、钻削、镗削、铰削及攻螺纹等工步的加工。

3. 设计工艺

（1）选择加工方法。*B*、*C* 平面用铣削方法加工，尺寸精度均无要求，但其表面粗糙度

R_a 为 6.3 μm，故采用粗铣→精铣方案；ϕ50H7 孔为已铸出毛坯孔，为达到 IT7 级精度和 0.8 μm 的表面粗糙度，需经三次镗削，即采用粗镗→半精镗→精镗方案；对 ϕ12H8 孔，为防止钻偏和达到 IT8 级精度，按钻中心孔→钻孔→扩孔→铰孔方案进行；ϕ18 孔在 ϕ12 孔的基础上锪至尺寸即可；M16 螺纹孔采用先钻底孔后攻螺纹的加工方法，即按钻中心孔→钻底孔→倒角→攻螺纹方案加工。

(2) 确定加工顺序。按照先面后孔、先粗后精的原则确定加工顺序。为了减少换刀次数，可以不用划分加工阶段来确定加工顺序，具体加工顺序为粗、精铣 *C* 面→粗、精铣 *B* 面→粗、半精、精镗 ϕ50H7 孔→钻各光孔和螺纹孔的中心孔→钻削、扩削、锪削、铰削 ϕ12H8 及 ϕ18 孔→M16 螺孔钻底孔、倒角和攻螺纹，详见表 7-1。

表 7-1　数控加工工序卡片

(工厂)	数控加工工序卡片		产品名称或代号	零件名称		材料	零件图号	
				盖板		HT300		
工序号	程序编号	夹具名称	夹具编号	使用设备			车间	
		台钳		HAAS(VF-0)				
工步号	工步内容	加工面	刀具号	刀具规格/mm	主轴转速/(r/min)	进给速度/(mm/min)	背吃刀量/mm	备注
1	粗铣 *C* 平面留余量 0.5 mm		T01	ϕ100	500	70	3	
2	精铣 *C* 平面至尺寸		T01	ϕ100	750	50	0.5	
3	粗铣 *B* 平面留余量 0.5 mm		T02	ϕ32	500	70	4.5	
4	精铣 *B* 平面至尺寸		T02	ϕ32	750	50	0.5	
5	粗镗 ϕ50H7 孔至 ϕ48 mm		T03	ϕ48	400	60		
6	半精镗 ϕ50H7 孔至 ϕ49.95 mm		T04	ϕ49.95	500	50		
7	精镗 ϕ50H7 至尺寸		T05	ϕ50H7	600	40		
8	钻 4×ϕ12H8 和 3×M16 中心孔		T06	ϕ3	1000	50		
9	钻 4×ϕ12H8 至 ϕ10 mm		T07	ϕ10	600	60		
10	扩 4×ϕ12H8 至 ϕ11.85 mm		T07	ϕ11.85	300	40		
11	锪 4×ϕ18 mm 至尺寸		T08	ϕ18	150	30		
12	铰 4×ϕ12H8 至尺寸		T09	ϕ12H8	100	40		
13	钻 3×M16 mm 底孔至 ϕ14		T10	ϕ14	450	60		
14	倒 3×M16 mm 底孔端角		T11	ϕ18	300	40		
15	攻 3×M16 mm 螺纹孔		T12	M16	100	200		
编制		审核		批准			共 1 页	第 1 页

(3) 确定装夹方案和选择夹具。该盖板零件形状简单，四个侧面较光整，加工面与不加工面之间的位置精度要求不高，故可选用通用机用平口钳，以盖板底面和两个侧面定位，将平口钳钳口从侧面夹紧，如图 7-2 所示。

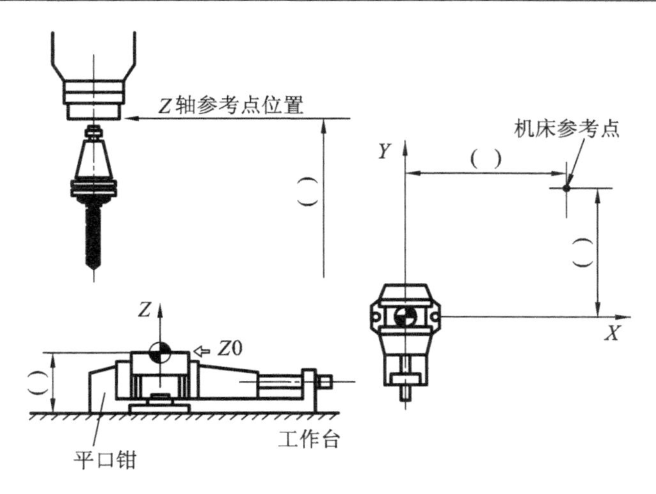

图 7-2　工件装夹简图

(4) 选择刀具。根据加工内容，所需刀具有面铣刀、立铣刀、镗刀、中心钻、麻花钻、铰刀、立铣刀(锪 ϕ18 mm 孔)及丝锥等，其规格根据加工尺寸选择。C 面粗铣铣刀直径应选小一些，以减小切削力矩，但也不能太小，以免影响加工效率；C 面精铣铣刀直径应选大一些，以减少接刀痕迹，但要考虑到刀库允许装刀直径。刀柄柄部根据主轴锥孔和拉紧机构选择。HAAS VF-0 型加工中心主轴锥孔为 ISO40，适用刀柄为 BT40(日本标准 JISB6339)，故刀柄柄部应选择 BT40 形式。具体所选刀具及刀柄见表 7-2。

表 7-2　数控加工工具卡片

产品名称或代号			零件名称	盖板	零件图号		程序编号		
工步号	刀具号	刀具名称	刀柄型号	刀具		补偿值		备注
				直径/mm	长度/mm	直径/mm	长度/mm	
1	T01	面铣刀 ϕ100 mm	BT40-XM32-75	ϕ100		D01	H01	
2	T02	立铣刀 ϕ32 mm		ϕ32		D02	H02	
3	T03	镗刀 ϕ48 mm	BT40-TQC50-180	ϕ48			H03	
4	T04	镗刀 ϕ59.95 mm	BT40-TQC50-180	ϕ49.95			H04	
5	T05	镗刀 ϕ50H7	BT40-TW50-140	ϕ50H7			H05	
6	T06	中心钻 ϕ3 mm	BT40-Z10-45	ϕ3			H06	
7	T07	麻花钻 ϕ10 mm	BT40-M1-45	ϕ10			H07	
8	T08	键槽刀 ϕ18 mm	BT40-MW2-55	ϕ18		D08	H08	
9	T09	铰刀 ϕ12H8	BT40-M1-45	ϕ12H8		D09	H09	
10	T10	麻花钻 ϕ14 mm	BT40-M1-45	ϕ14			H10	
11	T11	麻花钻 ϕ18 mm	BT40-M2-50	ϕ18			H11	
12	T12	机用丝锥 M16	BT40-G12-130	ϕ16			H12	
编制		审核		批准		共 1 页		第 1 页

(5) 确定进给路线。C 面的粗、精铣削加工进给路线根据铣刀直径确定，因所选面铣刀直径为 ϕ100 mm，故安排沿 X 方向两次进给(见图 7－3)。所有孔加工进给路线均按最短路线确定，因为孔的位置精度要求不高，机床的定位精度完全能保证。图 7－4～图 7－9 所示即为轮廓和各孔加工工步的进给路线。

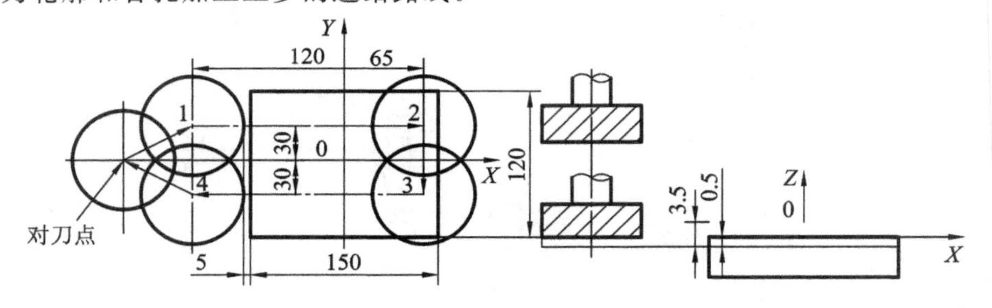

图 7－3　铣削 C 面进给路线

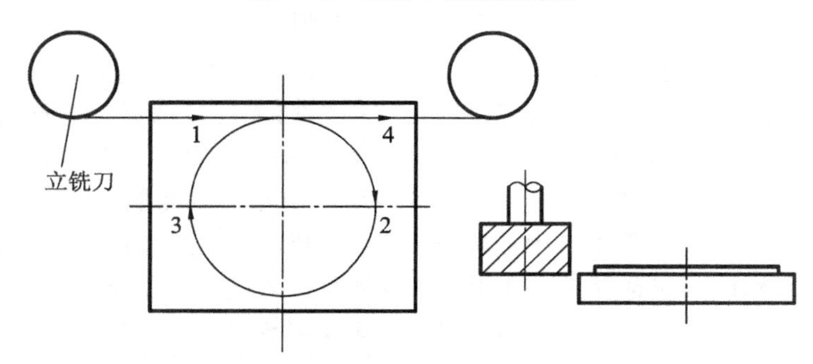

图 7－4　铣削 B 面进给路线

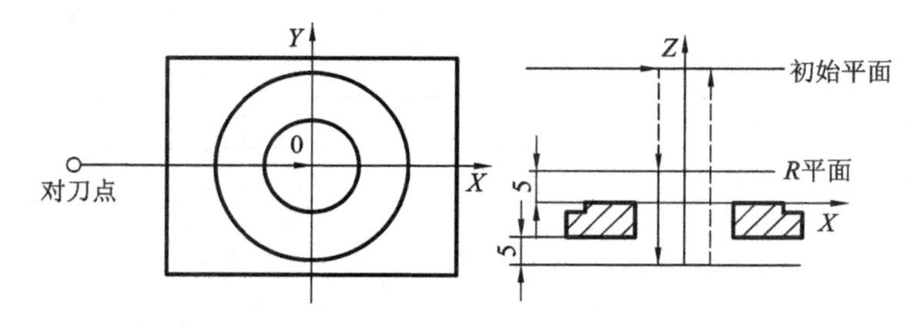

图 7－5　镗 ϕ50H7 孔进给路线

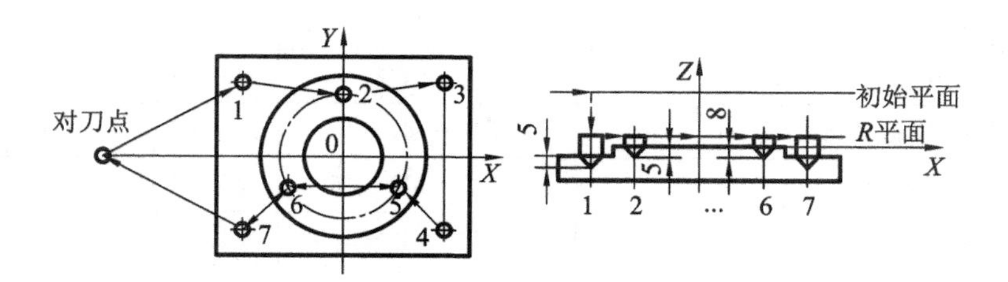

图 7－6　钻中心孔进给路线

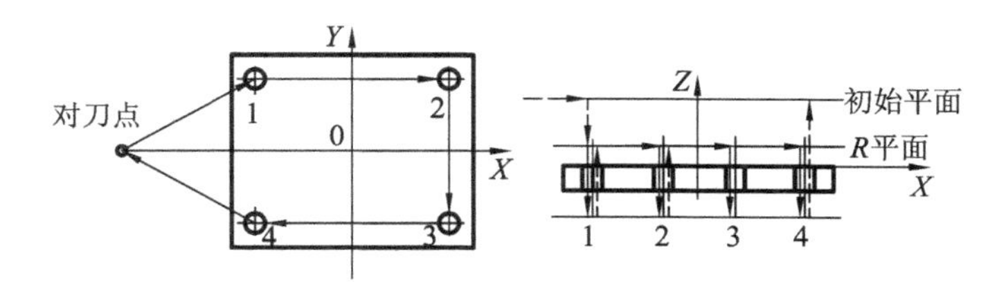

图 7-7　钻、铰 4-ϕ12H8 孔进给路线

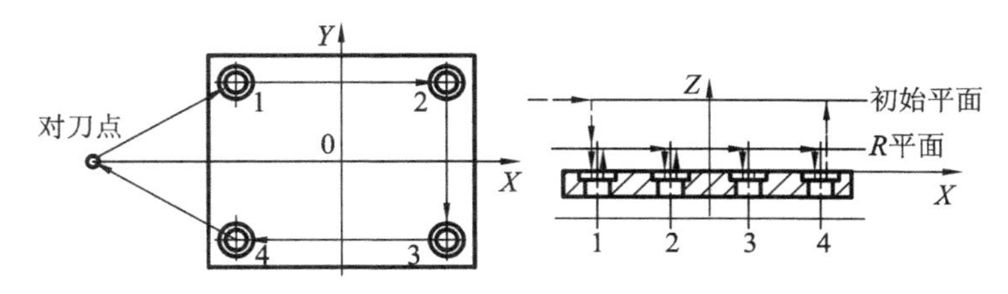

图 7-8　锪 4-ϕ18 孔进给路线

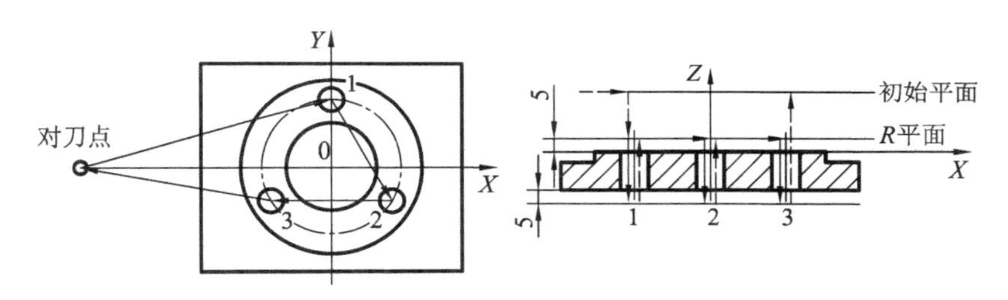

图 7-9　钻螺纹底孔、攻螺纹进给路线

（6）选择切削用量。查表确定切削速度和进给量，然后计算出机床主轴转速和机床进给速度，详见表 7-3。

表 7-3　数控加工工序卡片

（工厂）	数控加工工序卡片		产品名称或代号	零件名称	材料	零件图号
				支承套	45 钢	
工序号	程序编号	夹具名称	夹具编号	使用设备		车间
		专用夹具		XH754		

工步号	工步内容	加工面	刀具号	刀具规格/mm	主轴转速/(r/min)	进给速度/(mm/min)	背吃刀量/mm	备注
	B0°							
1	钻 ϕ35H7、2×ϕ17 mm×11 mm 中心孔		T01	ϕ3	1200	40		
2	钻 ϕ35H7 孔至 ϕ31 mm		T13	ϕ31	150	30		

续表

工步号	工步内容	加工面	刀具号	刀具规格/mm	主轴转速/(r/min)	进给速度/(mm/min)	背吃刀量/mm	备注
3	钻 φ11 mm 孔		T02	φ11	500	70		
4	锪 2×φ17 mm		T03	φ17	150	15		
5	粗镗 φ35H7 孔至 φ34 mm		T04	φ34	400	30		
6	粗铣 φ60 mm×12 mm 至 φ59 mm×11.5 mm		T05	φ32T	500	70		
7	精铣 φ60 mm×12 mm		T05	φ32T	600	45		
8	半精镗 φ35H7 至 φ34.85 mm		T06	φ34.85	450	35		
9	钻 2×M6－6H 螺纹中心孔		T01		1200	40		
10	钻 2×M6－6H 底孔至 φ5 mm		T07	φ5	650	35		
11	2×M6－6H 孔端倒角		T02		500	20		
12	攻 2×M6－6H 螺纹		T08	M6	100	100		
13	铰 φ35H7 孔		T09	φ35AH7	100	50		
	B90°							
14	钻 2×φ15H7 孔至中心孔		T01		1200	40		
15	钻 2×φ15H7 孔至 φ14 mm		T10	φ14	450	60		
16	扩 2×φ15H7 孔至 φ4.85 mm		T11	φ14.85	200	40		
17	铰 φ15H7 孔		T12	φ15AH7	100	60		
编制		审核		批准			共 1 页	第 1 页

注："B0°"和"B90°"表示加工中心上互成 0°和 90°的工位。

任务二　支套零件的数控加工实训

【目的要求】

（1）掌握加工中心的零件装夹方法。

（2）掌握加工中心的零件加工工艺分析。

【任务内容】

（1）分析图样，选择加工内容。

（2）选择加工中心。

（3）设计工艺。

【任务实施】

图 7-10 所示为升降台铣床的支承套，在两个互相垂直的方向上有多个孔要加工。若在普通机床上加工，则需多次安装才能完成，且效率低；若在加工中心上加工，只需一次安装即可完成，现将其工艺介绍如下。

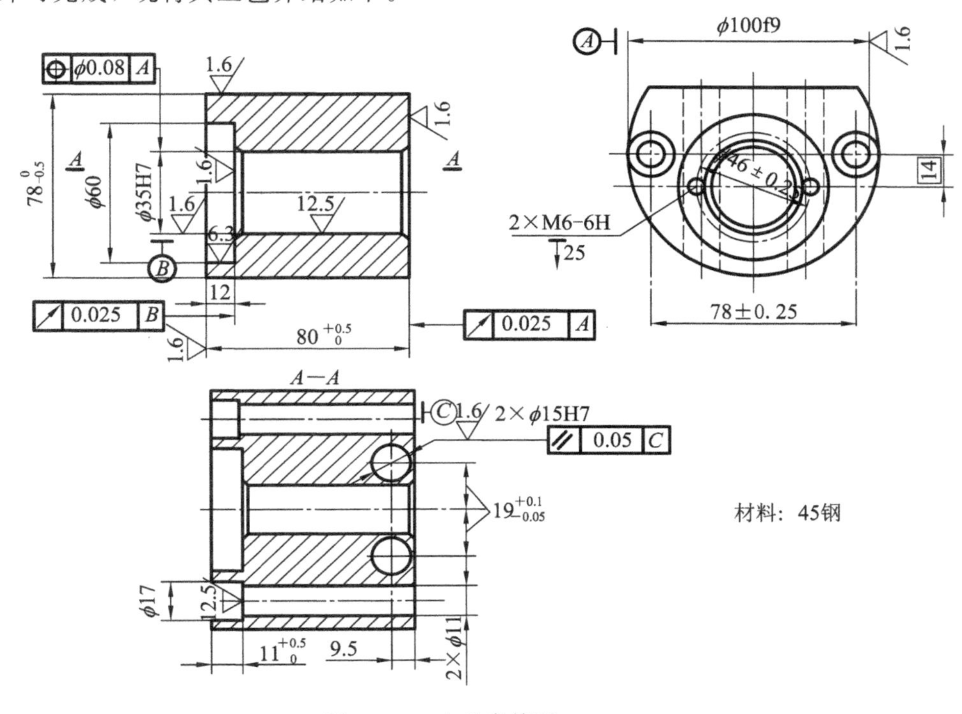

图 7-10　支承套简图

1. 分析图样并选择加工内容

支承套的材料为 45 钢，毛坯选棒料。支承套 ϕ35H7 孔对 ϕ100f9 外圆、ϕ60 孔底平面对 ϕ35H7 孔、2×ϕ15H7 孔对端面 C 及端面 C 对 ϕ100f9 外圆均有位置精度要求。为便于在加工中心上定位和夹紧，将 ϕ100f9 外圆、$80_{0}^{+0.5}$尺寸两端面、$78_{-0.5}^{0}$尺寸上平面均安排在前面工序中由普通机床完成。其余加工表面（2×ϕ15H7 孔、ϕ35H7 孔、ϕ60 孔、2ϕ×11 孔、2×ϕ17 孔、2×M6-6H 螺孔）确定在加工中心上一次安装完成。

2. 选择加工中心

因加工表面位于支承套互相垂直的两个表面（左侧面及上平面）上，需要两工位加工才能完成，故选择卧式加工中心。加工工步有钻孔、扩孔、镗孔、锪孔、铰孔及攻螺纹等，所需刀具不超过 20 把。国产 XH715 型卧式加工中心可满足上述要求。该机床工作台尺寸为 400 mm×400 mm，X 轴行程为 500 mm，Z 轴行程为 400 mm，Y 轴行程为 400 mm，主轴中心线至工作台距离为 100 mm～500 mm，主轴端面至工作台中心线距离为 150 mm～550 mm，主轴锥孔为 ISO40，刀库容量为 30 把，定位精度和重复定位精度分别为 0.02 mm和 0.011 mm，工作台分度精度和重复分度精度分别为“7”和 “4”。

3. 设计工艺

(1) 选择加工方法。所有孔都是在实体上加工，为防钻偏，均先用中心钻钻引正孔，然后再钻孔。为保证 ϕ35H7 孔及 2 - ϕ15H7 孔的精度，根据其尺寸，选择铰削作其最终加工方法。对 ϕ60 的孔，根据孔径精度、孔深尺寸和孔底平面要求，用铣削方法同时完成孔壁和孔底平面的加工。各加工表面选择的加工方案如下：

ϕ35H7 孔：钻中心孔→钻孔→粗镗→半精镗→铰孔；

ϕ15H7 孔：钻中心孔→钻孔→扩孔→铰孔；

ϕ60 孔：粗铣→精铣；

ϕ11 孔：钻中心孔→钻孔；

ϕ17 孔：锪孔(在 ϕ11 底孔上)；

M6 - 6H 螺孔：钻中心孔→钻底孔→孔端倒角→攻螺纹。

(2) 确定加工顺序。为减少变换工位的辅助时间和工作台分度误差的影响，各个工位上的加工表面在工作台一次分度下，按先粗后精的原则加工完毕。具体的加工顺序如下：

第一工位(B0°)：钻 ϕ35H7、2×ϕ11 中心孔→钻 ϕ35H7 孔→钻 2×ϕ11 mm 孔→锪 2×ϕ17 孔→粗镗 ϕ35H7 孔→粗铣、精铣 ϕ60×12 孔→半精镗 ϕ35H7 孔→钻 2×M6 - 6H 螺纹中心孔→钻 2×M6 - 6H 螺纹底孔→2×M6 - 6H 螺纹孔端倒角→攻 2×M6 - 6H 螺纹→铰 ϕ35H7 孔；

第二工位(B90°)：钻 2×ϕ15H7 中心孔→钻 2×ϕ15H7 孔→扩 2×ϕ15H7 孔→铰 2×ϕ15H7 孔。详见表 7 - 3 所示的数控加工工序卡片。

(3) 确定装夹方案和选择夹具。ϕ35H7 孔、ϕ60 孔、2×ϕ11 孔及 2×ϕ7 孔的设计基准均为 ϕ100f9 外圆中心线，遵循基准重合原则，选择 ϕ100f9 外圆中心线为主要定位基准。因 ϕ100f9 外圆不是整圆，故用 V 形块作定位元件。

在支承套长度方向，若选右端面定位，对 ϕ17 mm 孔深尺寸 $10^{+0.1}$ 存在基准不重合误差，精度不能保证(因工序尺寸 $80^{+0.5}$ 的公差为 0.5 mm)，故选择左端面定位。所用夹具为专用夹具，支承套装夹示意图如图 7 - 11 所示。在装夹时应使工件上平面在夹具中保持垂直，以消除转动自由度。

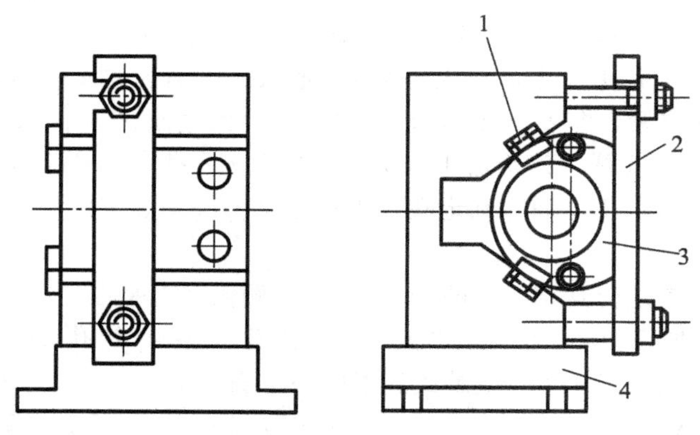

1—端面定位元件；2—定位压板；3—工件；4—夹具底座

图 7 - 11　支承套装夹示意图

(4) 选择刀具。各工步刀具直径根据加工余量和孔径确定，详见表 7 - 4 所示的数控加工刀具卡片。刀具长度与工件在机床工作台上的装夹位置有关，在装夹位置确定之后，再计算刀具长度。

(5) 选择切削用量。在机床说明书允许的切削用量范围内查表选取切削速度和进给量，然后计算出主轴转速和进给速度，其值见表7-4。

表7-4　数控加工刀具卡片

产品名称或代号			零件名称	支承套	零件图号		程序编号	
工步号	刀具号	刀具名称	刀柄型号	刀具		补偿值		备注
				直径/mm	长度/mm	直径/mm	长度/mm	
1	T01	中心钻 ϕ100 mm	JT40-Z6-45	ϕ3	280			
2	T13	锥柄麻花钻 ϕ31 mm	JT40-M3-75	ϕ31	330			
3	T02	锥柄麻花钻 ϕ11 mm	JT40-M1-35	ϕ11	330			
4	T03	锥柄埋头钻 ϕ17 mm×11 mm	JT40-M2-50	ϕ17	300			
5	T04	粗镗刀 ϕ34 mm	JT40-TQC30-165	ϕ34	320			
6	T05	硬质合金立铣刀 ϕ32 mm	JT40-MW4-85	ϕ32T	300			
7	T05							
8	T06	镗刀 ϕ34.85 mm	JT40-TZC30-165	ϕ34.85	320			
9	T01							
10	T07	直柄麻花钻 ϕ5 mm	JT40-Z6-45	ϕ5	300			
11	T02							
12	T08	机用丝锥 M6	JT40-G1JT3	M6	280			
13	T09	套式铰刀 ϕ35AH7	JT40-K19-140	ϕ35AH7	330			
14	T01							
15	T10	锥柄麻花钻 ϕ14 mm	JT40-M1-35	ϕ14	320			
16	T11	扩孔钻 ϕ14.85 mm	JT40-M2-50	ϕ14.85	320			
17	T12	铰刀 ϕ35AH7	JT40-M2-50	ϕ15AH7	320			
编制		审核		批准			共1页	第1页

任务三　异形支架零件的数控加工实训

【目的要求】

(1) 掌握加工中心的零件装夹方法。

(2) 掌握加工中心的零件加工工艺分析。

【任务内容】

(1) 分析图样，选择加工内容。

(2) 选择加工中心。

(3) 设计工艺。

【任务实施】

图 7-12 是异形支架零件简图，现分析其加工中心的加工工艺。

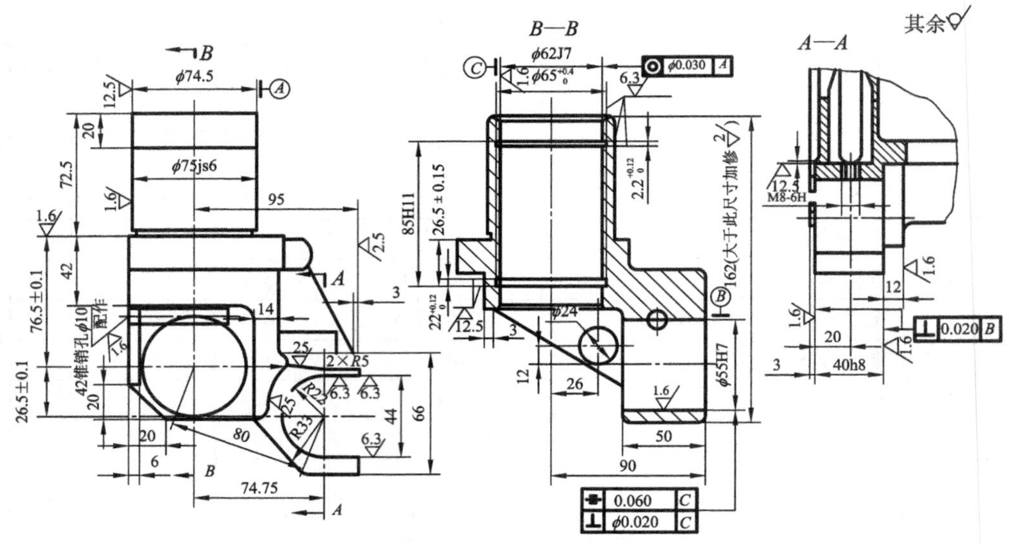

图 7-12 异形支架零件简图

1. 零件工艺分析

该异形支架的材料为铸铁，毛坯为铸件。该工件结构复杂，精度要求较高，各加工表面之间有较严格的位置度和垂直度等要求，毛坯有较大的加工余量，零件的工艺刚性差，特别是加工 40h8 部分时，如用常规加工方法在普通机床上加工，很难达到图纸要求。原因是假如先在车床上一次加工完成 ϕ75js6 外圆、端面和 ϕ62J7 孔、$2\times2.2^{+0.12}$槽，然后在镗床上加 ϕ55H7 孔，要求保证对 ϕ62J7 孔之间的对称度 0.06 mm 及垂直度 0.02 mm，就需要高精度机床和高水平操作工，一般是很难达到上述要求的。如果先在车床上加工好 ϕ75js6 外圆及端面，再在镗床上加工 ϕ62J7 孔、$2\times2.2^{+0.12}$槽及 ϕ55H7 孔，虽然较易保证上述的对称度和垂直度，但却难以保证 ϕ62J7 孔与 ϕ75js6 外圆之间 ϕ0.03 mm 的同轴度要求，而且需要特殊刀具切 $2\times2.2^{+0.12}$槽。即使采用专门的工夹具和高精度机床，经过多次找正达到了上述要求，在下道工序加工 $R22$、$R33$ 及 44、40h8 尺寸时也是困难的。另外，完成 40h8 尺寸需两次装卡，调头加工，难以达到要求，ϕ55H7 孔与 40h8 尺寸需分别在镗床和铣床上加工完成，同样难以保证其对 B 孔的 0.02 mm 垂直度要求。

2. 选择加工中心

通过零件的工艺分析，确定该零件在卧式加工中心上加工。根据零件外形尺寸及图纸要求，选定的仍是国产 XH754 型卧式加工中心。

3. 设计工艺

(1) 选择在加工中心上加工的部位及加工方案。

ϕ62J7 孔：粗镗→半精镗→孔两端倒角→铰削；

ϕ55H7 孔：粗镗→孔两端倒角→精镗；

$2\times2.2^{+0.12}$：空刀槽一次切成；

44U 形槽：粗铣→精铣；

$R22$ 尺寸：一次镗；

40h8 尺寸两面：粗铣左面→粗铣右面→精铣左面→精铣右面。

(2) 确定加工顺序。B0°：粗镗 $R22$ 尺寸→粗铣 U 形槽→粗铣 40h8 尺寸左面→B180°；粗铣 40h8 尺寸右面→B270°；粗镗 ϕ62J7 孔→半精镗 ϕ62J7 孔→切 $2\times\phi65^{+0.4}\times2.2^{+0.12}$ 空刀槽→ϕ62J7 孔两端倒角→B180°；粗镗 ϕ55H7 孔→ϕ55H7 孔两端倒角→B0°；精铣 U 形槽→精铣 40h8 左端面→B180°；精铣 40h8 右端面→精镗 ϕ55H7 孔→B270°→铰 ϕ62J7 孔。

具体工艺过程见表 7-5。

(3) 确定装夹方案和选择夹具。支架在加工时，以 ϕ75js6 外圆及 26.5±0.15 尺寸上面定位(两定位面均在前面车床工序中先加工完成)。工件安装简图如图 7-13 所示。

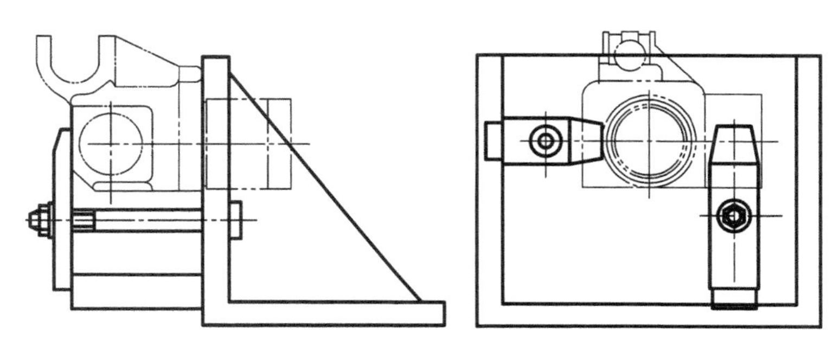

图 7-13　工件安装简图

(4) 选择刀具。各工步刀具直径根据加工余量和加工表面尺寸确定，详见表 7-6 数控加工刀具卡片，长度尺寸这里省略。

(5) 选择切削用量。在机床说明书允许的切削用量范围内查表选取切削速度和进给量，然后计算出主轴转速和进给速度，其值见表 7-5。

表 7-5　数控加工工序卡片

(工厂)	数控加工工序卡片		产品名称或代号	零件名称	材料	零件图号
				异形支架	铸铁	
工序号	程序编号	夹具名称	夹具编号	使用设备		车间
		专用夹具		XH754		

工步号	工步内容	加工面	刀具号	刀具规格/mm	主轴转速/(r/min)	进给速度/(mm/min)	背吃刀量/mm	备注
	B0°							
1	粗镗 44、$R22$ 尺寸		T01	ϕ42	300	45		
2	粗铣 U 形槽		T02	ϕ25	200	60		
3	粗铣 40h8 尺寸左面		T03	ϕ30	180	60		
	B180°							

续表

工步号	工步内容	加工面	刀具号	刀具规格/mm	主轴转速/(r/min)	进给速度/(mm/min)	背吃刀量/mm	备注
4	粗铣 40h8 尺寸右面		T03	ϕ30	180	60		
	B270°							
5	粗镗 ϕ62J7 孔至 ϕ61 mm		T04	ϕ61	250	80		
6	半精镗 ϕ62J7 孔至 ϕ61.85 mm		T05	ϕ61.85	350	60		
7	切 2×ϕ65$^{+0.4}_{0}$×2.2$^{+0.12}_{0}$ 空刀槽		T06	ϕ50	200	20		
8	ϕ62J7 孔两端倒角		T07	ϕ66	100	40		
	B180°							
9	粗镗 ϕ55H7 孔至 ϕ54 mm		T08	ϕ54	350	60		
10	ϕ55H7 孔两端倒角		T09	ϕ66	100	30		
	B0°							
11	精铣 U 形槽		T02	ϕ25	200	60		
12	精铣 40h8 左端面至尺寸		T10	ϕ66	250	30		
	B180°							
13	精铣 40h8 右端面至尺寸		T10	ϕ66	250	30		
14	精镗 ϕ55H7 孔至尺寸		T11	ϕ55H7	450	20		
	B270°							
15	铰 ϕ62J17 孔至尺寸		T12	ϕ62J7	100	80		
编制		审核		批准			共 1 页	第 1 页

4. 工艺设计的几点说明

(1) 由于工件不是精密铸造件，加工余量较大，尤其是 40h8 部分由于结构限制，它的刚性较差，加工中产生的变形较大，因此，在粗加工和半精加工全部完成之后，再进行精加工。

(2) 所选卧式加工中心本身采用编码器进行位置检测，利用鼠齿盘进行工作台分度定位，多次回转加工，能有效保证各面之间的垂直度要求。

(3) 在精镗 ϕ62J7 孔之前切 2×2.2$^{+0.12}$槽及倒角，可防止精加工后孔内产生毛刺。

(4) 工件坐标系设定。加工支架时，共设定如下三个工件坐标系：

① B270°：G54 工件坐标系的 X0、Y0 位置设在 ϕ62J7 孔轴线上，Z0 的位置设在 72.5 尺寸上面 60 mm 处。

② B180°：G55 工件坐标系的 X0、Y0 位置设在 ϕ55H7 孔轴心线上，Z0 的位置设在 ($B-B$)视图 90 尺寸右面上。

③ B0°：G56 工件坐标系的 X0、Y0 位置设在 U 形槽 R22 尺寸中心上，Z0 的位置设在 U 形槽 3 尺寸右面上。

数控加工刀具卡片见表 7-6。

表 7－6　数控加工刀具卡片

产品名称或代号			零件名称	异形支架	零件图号		程序编号	
工步号	刀具号	刀具名称	刀柄型号	刀具		补偿值		备注
				直径/mm	长度/mm	直径/mm	长度/mm	
1	T01	镗刀 ϕ42 mm	JT40－TQC30－270	ϕ42				
2	T02	长刃铣刀 ϕ25 mm	JT40－MW3－75	ϕ25				
3	T03	立铣刀 ϕ30 mm	JT40－MW4－85	ϕ30				
4	T03	立铣刀 ϕ30 mm	JT40－MW4－85	ϕ30				
5	T04	镗刀 ϕ61 mm	JT40－TQC50－270	ϕ61				
6	T05	镗刀 ϕ61.85 mm	JT40－TZC50－270	ϕ61.85				
7	T06	切槽刀 ϕ50 mm	JT40－M4－95	ϕ50				
8	T07	倒角镗刀 ϕ66 mm	JT40－TZC50－270	ϕ66				
9	T08	镗刀 ϕ54 mm	JT40－TZC40－270	ϕ54				
10	T09	倒角刀 ϕ66 mm	JT40－TZC50－270	ϕ66				
11	T02	长刃铣刀 ϕ25 mm	JT40－MW3－75	ϕ25				
12	T10	镗刀 ϕ66 mm	JT40－TZC40－180	ϕ66				
13	T10	镗刀 ϕ66 mm	JT40－TZC40－180	ϕ66				
14	T11	镗刀 ϕ55H7	JT40－TQC50－270	ϕ55H7				
15	T12	铰刀 ϕ62J7	JT40－K27－180	ϕ62J7				
编制		审核		批准		共 1 页	第 1 页	

任务四　综合实例分析

【目的要求】

（1）掌握加工中心的零件装夹方法。

（2）掌握加工中心的零件加工工艺分析。

【任务内容】

（1）分析图样，选择加工内容。

（2）选择加工中心。

（3）设计工艺。

【任务实施】

下面以图 7－14 所示盖板零件为例，介绍其在立式加工中心上加工的程序编制方法。已知该零件的毛坯为 50 mm×50 mm×14 mm 的方形坯料，材料为 45 钢，且底面和四个轮廓面均已加工好，要求在 HAAS 立式加工中心上加工顶面、台阶、孔及螺纹。

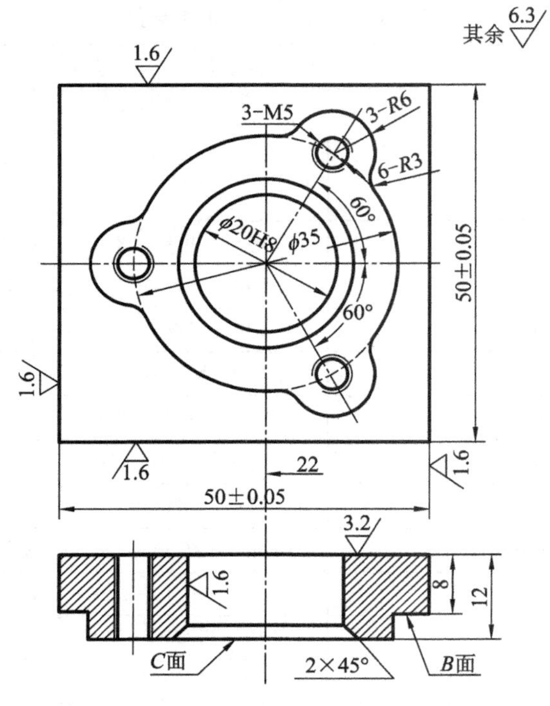

图 7-14 盖板零件简图

1. 分析图样，选择加工内容

该零件的材料为 45 钢，由图 7-14 知，四个侧面及底面在加工中心工序前已加工完成。在加工中心上加工的内容如下：

① 加工顶面。

② 加工台阶。

③ 加工 ϕ20 孔。

④ 加工 3-M5 螺孔。

2. 选择加工中心

由于 B、C 面及位于 B、C 面上的螺纹孔只需单工位加工即可完成，故选择立式加工中心。加工表面不多，只有粗铣、精铣、粗镗、半精镗、精镗、钻削、扩削、铰削及攻螺纹等工步，所需刀具不超过 20 把。选用 HAAS VF-0 型立式加工中心即可满足上述要求。

3. 设计工艺

(1) 选择加工方法。B、C 平面用铣削方法加工，尺寸精度均无要求，但其表面粗糙度 R_a 为 6.3 μm，故采用粗铣→精铣方案；对 ϕ20H8 孔，为防止钻偏和达到 IT8 级精度，按钻中心孔→钻孔→扩孔→铰孔方案进行；M5 螺纹孔采用先钻底孔后攻螺纹的加工方法，即按钻中心孔→钻底孔→倒角→攻螺纹方案加工。

(2) 确定加工顺序。按照先面后孔、先粗后精的原则确定加工顺序。为了减少换刀次数，可以不用划分加工阶段来确定加工顺序，具体加工顺序为粗铣、精铣 C 面→粗铣、精铣台阶→钻各孔的中心孔→钻削、扩削、铰削 ϕ20H8 →M5 螺纹孔钻底孔、倒角和攻螺纹。数控加工工序详见表 7-7。

表 7－7　数控加工工序卡片

（工厂）	数控加工工序卡片		产品名称或代号		零件名称		材料	零件图号
							45 钢	
工序号	程序编号		夹具名称	夹具编号	使用设备			车间
			台钳		HAAS(VF－0)			
工步号	工步内容	加工面	刀具号	刀具规格/mm	主轴转速/(r/min)	进给速度/(mm/min)	背吃刀量/mm	备注
1	粗铣 C 平面留余量 0.5 mm		T01	ϕ63	500	150	1.5	
2	精铣 C 平面至尺寸		T01	ϕ63	750	100	0.5	
3	粗铣 B 平面留余量 0.5 mm		T02	ϕ10	500	70	3.5	
4	精铣 B 平面至尺寸		T02	ϕ10	750	50	0.5	
5	钻 ϕ20H8 和 3×M5 中心孔		T03	ϕ3	1000	50		
6	钻 ϕ20H8 至 ϕ18 mm		T04	ϕ18	600	60		
7	扩 ϕ20H8 至 ϕ19.85 mm		T05	ϕ19.85	300	40		
8	钻 3×M5 底孔至 4.2 mm		T06	ϕ4.2	800	60		
9	ϕ20H8、3×M5 孔口端角		T07	ϕ25	300	40		
10	铰 ϕ20H8 至尺寸		T08	ϕ20H8	100	40		
11	攻 3×M5 螺纹孔		T09	M5	100			
编制		审核		批准			共 1 页	第 1 页

(3) 确定装夹方案和选择夹具。该零件形状简单，四个侧面较光整，加工面与不加工面之间的位置精度要求不高，故可选用通用机用平口钳，以零件底面 A 和两个侧面定位，用平口钳钳口从侧面夹紧。

(4) 选择刀具。根据加工内容，所需刀具有面铣刀、立铣刀、中心钻、麻花钻、铰刀及丝锥等，其规格根据加工尺寸选择。数控加工刀具卡片见表 7－8。

表 7－8　数控加工刀具卡片

产品名称或代号				零件名称	盖板	零件图号		程序编号
工步号	刀具号	刀具名称	刀柄型号	刀具直径/mm	刀具长度/mm	补偿值直径/mm	补偿值长度/mm	备注
1	T01	面铣刀 ϕ63 mm	BT40SM22060M	ϕ63		D01	H01	
2	T02	立铣刀 ϕ10 mm	BT40ER16100M	ϕ10		D02	H02	
3	T03	中心钻 ϕ3 mm	BT40－Z10－45	ϕ3		D03	H03	

续表

工步号	刀具号	刀具名称	刀柄型号	刀具		补偿值		备注
				直径/mm	长度/mm	直径/mm	长度/mm	
4	T04	麻花钻 ϕ18 mm	BT40－M1－45	ϕ18		D04	H04	
5	T05	麻花钻 ϕ19.85 mm	BT40ER16100M	ϕ19.85		D05	H05	
6	T06	麻花钻 ϕ4.2 mm	BT40ER16100M	ϕ4.2		D06	H06	
7	T07	倒角刀	BT40EM25090M	ϕ25		D07	H07	
8	T08	铰刀 ϕ20H8	BT40EM20063M	ϕ20H8		D08	H08	
9	T09	机用丝锥 M5	BT40ER16100M	ϕ5		D09	H09	
编制		审核		批准		共 1 页	第 1 页	

（5）确定进给路线。C 面的粗铣、精铣削加工进给路线根据铣刀直径确定。因所选面铣刀直径为 ϕ63 mm，故安排沿 X 方向一次进给，如图 7－15 所示。所有孔加工进给路线均按最短路线确定。因为孔的位置精度要求不高，所以机床的定位精度完全能够得到保证。图 7－16～图 7－19 所示为各孔加工工步的进给路线。

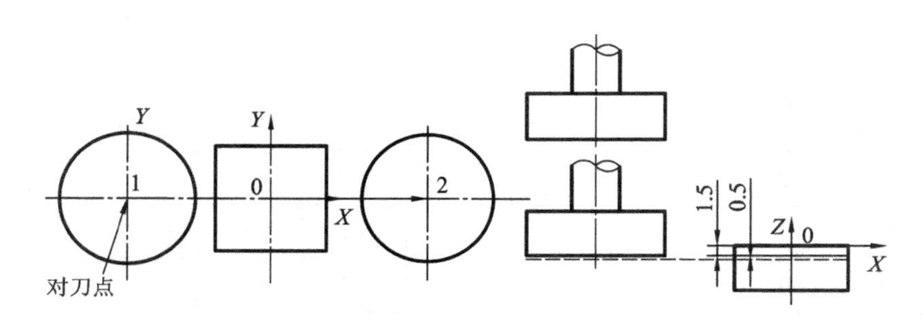

图 7－15　铣削 C 平面进给路线

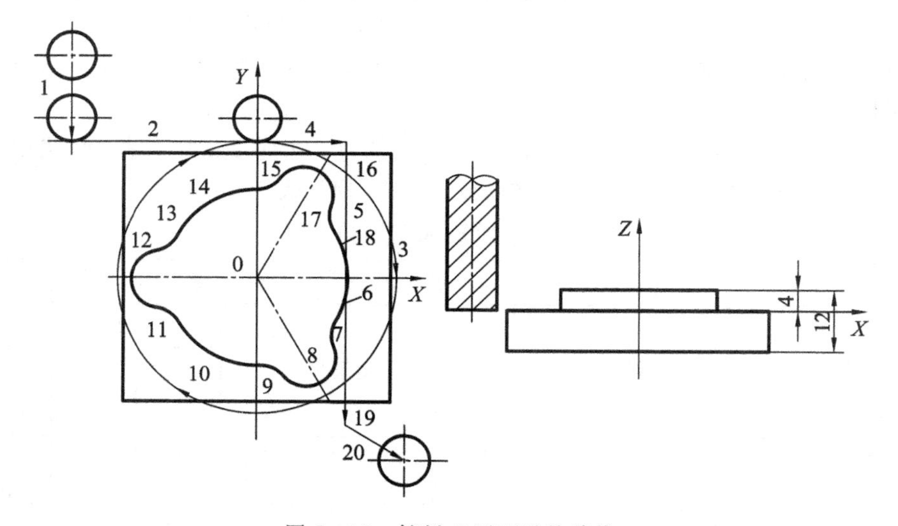

图 7－16　铣削 B 平面进给路线

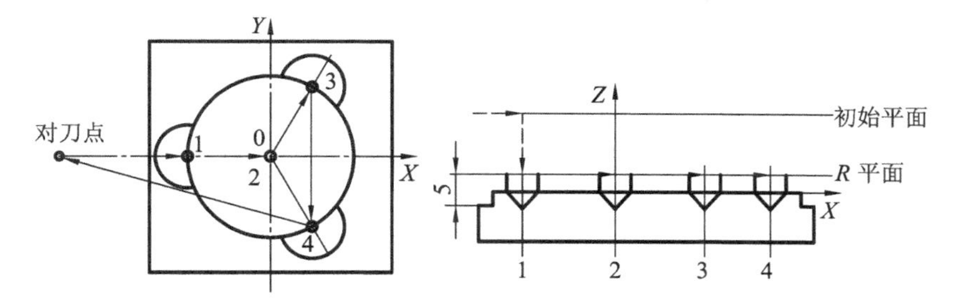

图 7-17　钻中心孔进给路线

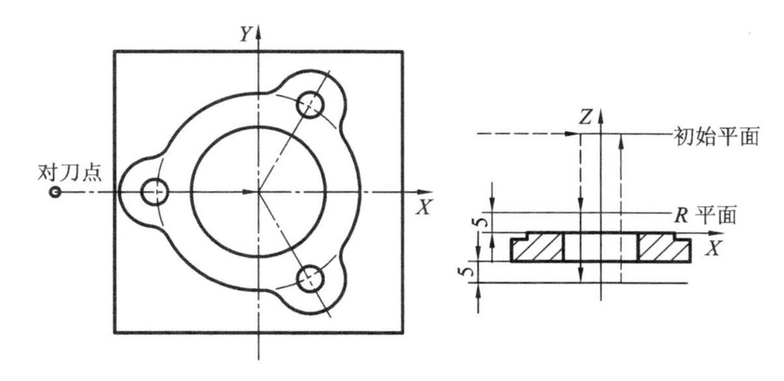

图 7-18　钻、扩铰 $\phi 28$ 进给路线

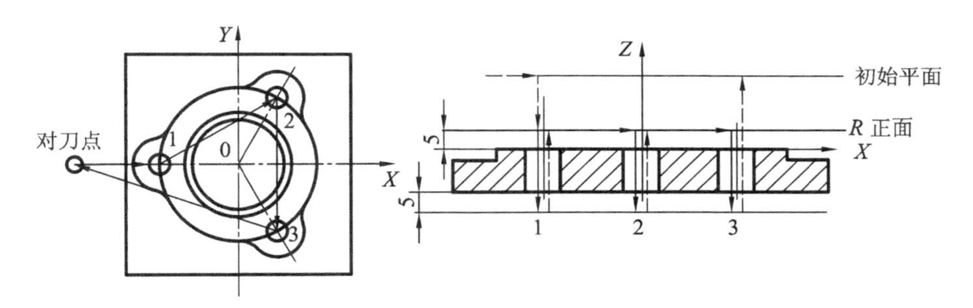

图 7-19　钻削 3-M5 底孔、攻螺纹进给路线

（6）选择切削用量。查表确定切削速度和进给量，然后计算出机床主轴转速和机床进给速度(见表 7-8)。

相关知识

在加工中心加工工件的程序中，应考虑机床的运动过程、工件的加工工艺过程、刀具的形状及切削用量、走刀路线等工艺问题。为了编制出一个合理、实用的加工程序，要求编程人员不仅要了解加工中心的工作原理、性能特点及结构，掌握编程语言和标准程序格式，还应熟练掌握工件加工工艺。在编程前，必须对所加工的零件进行工艺分析，拟定加工方案，选择合适的刀具和夹具，确定合理的切削用量，正确选用刀具和夹紧方法，并熟悉检测方法。在编程中，还需进行工艺处理，如确定对刀点等。因此，加工中心程序编制中的工艺分析与处理是一项十分重要的工作。也就是说，加工中心编程员首先是一个好的工艺员。加工中心加工工艺知识除了通过课本知识的学习以及正确使用工艺手册外，主要是参加实际编程和操作，以获取丰富的经验。下面就工艺分析中的几个问题做简单介绍。

7.1　加工中心加工工艺分析内容

加工中心加工工艺是加工中心加工零件时所运用方法和技术手段的总和，其主要包括以下几方面内容：

(1) 选择并确定零件的数控加工内容。

(2) 对零件图纸进行加工中心的工艺分析。

(3) 选择加工用加工中心的类型。

(4) 工具、夹具的选择和调整设计。

(5) 工序、工步的设计。

(6) 加工轨迹的计算和优化。

(7) 加工程序的编写、校验与修改。

(8) 首件试加工与现场问题处理。

(9) 加工中心工艺技术文件的定型与归档。

7.2　加工中心加工工艺分析过程

如前所述，在设计加工中心加工工序时，除了要遵循一般机械加工工艺的基本原则外，还要根据加工中心加工的特点，着重考虑以下几个方面。

1) 加工中心加工零件图的工艺性分析

在确定加工中心加工零件和加工内容后，根据所了解的加工中心性能及实际工作经验，需要对零件图进行工艺性分析，以减少后续编程和加工中可能出现的失误。零件图的工艺分析可以从以下几个方面考虑：

(1) 检查零件图的完整性和正确性。对轮廓零件，检查构成轮廓各几何元素的尺寸或相互关系(如相切、相交、平行、垂直和同心等)的标注是否准确完整。例如，在实际工作中常常会遇到图纸中给出的几何元素的相互关系不够明确，缺少尺寸，使编程计算无法完成；或者虽然给出了几何元素的相互关系，但同时又给出了引起矛盾的相关尺寸或尺寸多余，同样给编程计算带来困难。

另外，还要检查零件图上各个方向的尺寸是否有统一的设计基准，以保证多次装夹加工后其相对位置的正确性。如果没有，可考虑在不影响零件精度的前提下，选择统一的工艺基准，计算转化各尺寸，以便简化编程计算，保证零件图的设计精度要求。

(2) 特殊零件的处理。对于一些特殊零件，如对于厚度尺寸有要求的大面积薄壁板零件，由于数控加工时的切削力和薄板的弹性退让容易产生切削面的振动，会影响薄板厚度尺寸公差和表面粗糙度的要求，因此，在加工这些零件时应采取特别的工艺处理手段，如改进装夹方式、采用合适的加工顺序和刀具、选择恰当的粗精加工余量等。

2) 夹具和刀具的选择

(1) 夹具的选择要求。加工中心对夹具的选择要求可以从以下几个方面来考虑：

① 尽可能做到在一次装夹后能加工出全部或大部分待加工表面，尽量减少装夹次数，以提高加工效率和保证加工精度。

② 尽量采用组合夹具和通用夹具，避免采用专用夹具。

③ 装卸零件要方便可靠，能迅速完成零件的定位、夹紧和拆卸过程，以减少加工辅助时间。

④ 装夹方式需有利于数控编程计算的方便和精确，便于编程坐标系建立。通常要求夹具的坐标方向与机床的坐标方向相对固定，便于建立零件与机床坐标系的尺寸关系。

夹具要敞开，避免加工路径中刀具与夹具元件发生碰撞。

(2) 刀具的选择要求。加工中心对刀具的选择要求如下：

① 作为自动化加工设备，加工中心加工对刀具有较高的要求，要求刀具具有较高的精度、刚度和耐用度。对于高速加工，还要求刀具具有能够承受高速切削和强力切削的能力。为此，应尽量采用整体硬质合金刀具或镶不重磨机夹硬质合金刀片及涂层刀片。刀具的耐用度应该至少能保证加工一个零件或一个工作班的工作时间。

② 要根据零件材料的性能、加工工序的类型、机床的加工能力以及准备选用的切削用量来合理选择刀具。例如，对于铣削平面零件，可采用端铣刀和立铣刀；对于模具加工中常遇到的空间曲面的铣削，通常采用球头铣刀或带小圆角的鼻形刀。立铣刀的几种类型如图 7-20 所示。

③ 在凹形轮廓铣削加工中，选用的刀具半径应小于零件轮廓曲线的最小曲率半径，以免产生零件过切，影响加工精度，如图 7-21 所示。在不影响加工精度的情况下，刀具半径尽可能取大一点，以保证刀具有足够的刚度和较高的加工效率。

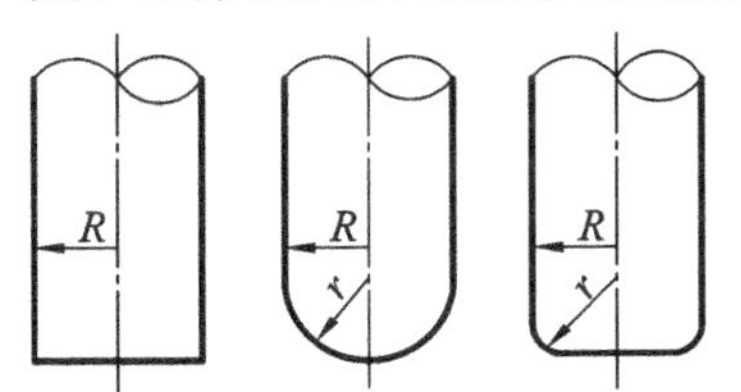

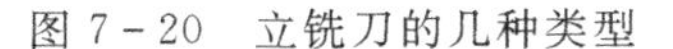

图 7-20　立铣刀的几种类型

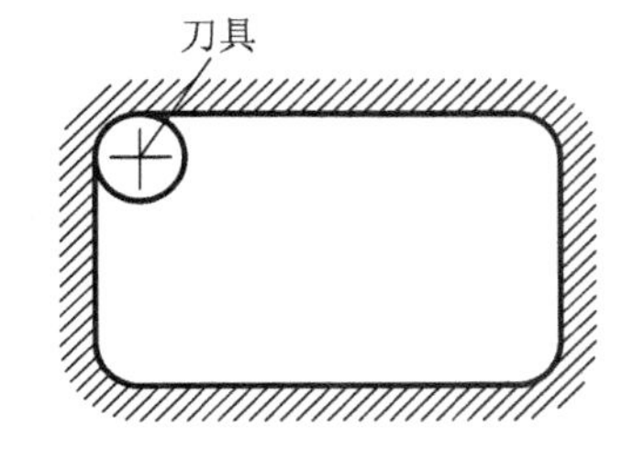

图 7-21　正确选用刀具

④ 刀具的结构和尺寸应符合标准刀具系列，特别对于具有自动换刀装置的加工中心，所使用的刀柄和接杆应该满足机床主轴的自动松开和拉紧定位，以便快速平稳换刀。在刀具装入机床主轴前，应进行刀具几何尺寸(半径和长度)的预调。不同的刀具有不同的半径、长度，因而刀具半径补偿、刀具端面到机床或工件的距离也各不相同。通常要使用对刀仪测量出刀具的几何尺寸，并把它存入数控系统，以备加工时使用。

3) 工序划分的原则

对于需要多道工序才能完成加工的零件，要考虑工序划分。加工中心加工工序的划分有下列方法：

(1) 以加工内容划分工序。对于加工内容较多的零件，按零件结构特点将加工内容分成若干部分，每一部分可用典型刀具加工，例如加工内腔、外形、平面或曲面等。加工内腔时，以外形夹紧；加工外形时，以内腔的孔夹紧。

(2) 以所用刀具划分工序。有些零件在一次装夹中可以完成许多加工内容，这时可以将用一把刀能够加工完成的所有部位作为一道工序，然后再换第二把刀加工作为新的一道工序。这样可以减少更换刀具的次数，减少空行程时间，提高生产效率。

(3) 以粗、精加工划分工序。对于容易发生加工变形的零件，通常粗加工后需要进行矫形，这时粗加工和精加工作为两道工序，可以采用不同的刀具或不同的机床加工。

加工中心的工序顺序安排，除依照先基准面加工、先面加工后孔加工、先粗加工后精加工等一般原则外，还应利用加工中心加工具有工序集中的特点，在一次装夹中完成尽可能多的加工。此外，对于去毛坯或基准面的预加工、次要部位的加工，采用普通机床加工时，还应考虑加工中心加工和普通加工的衔接问题。在制定工艺文件中应标明对工序的技术要求，如面和孔的精度要求、形位公差、尺寸要求、加工余量大小等。

4) 确定加工路线

在确定了加工中心加工的工序以后，还要确定每道工序的加工路线(或称走刀路线)。加工路线是指加工中心加工过程中刀具相对于工件的运动轨迹。加工路线的选择可以从以下几个方面来考虑。

(1) 保证被加工零件的精度和表面粗糙度的要求。例如，铣削加工采用顺铣或逆铣会对表面粗糙度产生不同的影响。

(2) 尽量使走刀路线最短，减少空刀时间。例如，有大量孔加工的点阵类零件，要尽量使各点的运动路线总和为最短。在开始接近工件加工时，为了缩短加工时间，通常在刀具 Z 轴方向快速运动到离零件表面 2 mm～5 mm 处(即孔加工固定循环的 R 平面)，以工作进给速度开始加工。

(3) 在加工中心加工时，还要考虑切入点和切出点处的程序处理。用立铣刀的端刃和侧刃铣削平面轮廓零件时，为了避免在轮廓的切入点和切出点处留下刀痕，应沿轮廓外形的延长线切入和切出(称为切线方向进切线方向出)。铣削外圆的走刀路线，其进、退刀采取的是沿切向的直线段，这样可以保证加工出的零件轮廓形状平滑。在铣削平面轮廓零件时，还应避免在零件垂直表面的方向上下刀，因为这样会留下划痕，影响零件的表面粗糙度。另外，零件轮廓的最终加工应尽量保证一次连续完成。例如，加工槽型零件，应先把槽腔铣削掉并在轮廓方向留有一定余量，然后进行轮廓连续精加工，以保证零件的表面粗糙度。

5) 对刀方法与坐标系的确定

无论是手工编程还是自动编程，编程者首先要在零件图上设定编程坐标系。设定原则是便于计算或者便于计算机上的图形输入。在确定了零件的安装方式后，要选择好工件坐标系，工件坐标系要与编程坐标系相对应。对刀点的确定如图 7-22 所示，对刀点可以设在工件上，也可以设在与工件的定位基准有一定关系的夹具某一位置上。其选择原则是对刀方便、对刀点在机床上容易找正、加工过程中检查方便以及引起的加工误差小等。对刀点与工件坐标系原点如果不重合(在确定编程坐标系时，最好考虑使得对刀点与工件坐标系重合)，在设置机床零点偏置时(G54 对应的值)，应当考虑到两者的差值。

加工中心加工过程中需要换刀时应该设定换刀点。换刀点应设在零件和夹具的外面，以避免换刀时撞伤工件、损坏刀具。

6）确定加工切削参数

加工中心加工中切削参数的确定原则与普通机床加工相同，即根据切削原理中规定的方法以及机床的性能和规定的允许值、刀具的耐用度等来选择和计算，并结合实践经验确定。加工切削参数包括主轴转速、进给速度以及切削深度和切削宽度。粗、精加工，钻孔、铰孔、镗孔和攻螺纹等不同的切削用量，都应编写在程序单内。

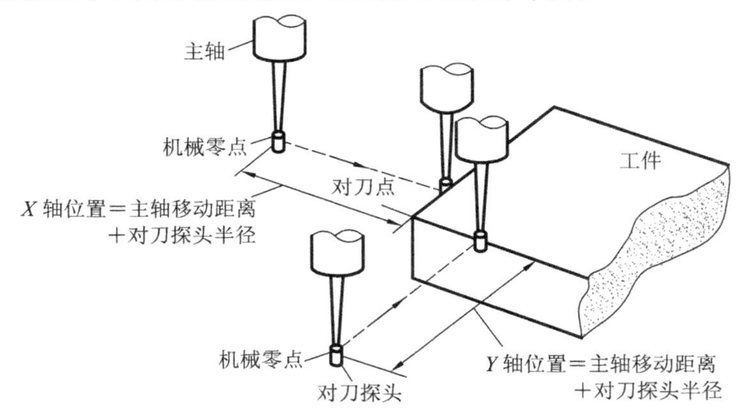

图 7－22 对刀点的确定

进给速度 F(mm/min)是切削用量中的重要参数，应根据零件的加工精度和表面粗糙度要求以及刀具和零件的材料性能来选取。最大进给速度受机床刚度和进给系统性能限制。进给速度是影响刀具耐用度的最大因素。当零件加工表面粗糙度值显著增大或加工表面产生发亮的刀痕以及在切削过程中产生不正常振动时，表明进给速度选择不当或刀已磨损。高速钢铣刀切削速度与进给量见表 7－9。

表 7－9 高速钢铣刀切削速度与进给量

工作材料	平均切削速度/(m/min)	进给量/(毫米/齿)		
		铣平面	铣轮廓	端铣刀
镁	91.4	0.127～0.508	0.1016～0.254	0.127～0.254
铝	76.2	0.127～0.508	0.1016～0.254	0.127～0.254
黄铜和青铜	45.72	0.1016～0.508	0.1016～0.254	0127～0.254
铜	30.48	0.1016～0.254	0.1016～0.1778	0.1016～0.2032
软铸铁	24.38	0.1016～0.4064	0.1016～0.2286	0.1016～0.2032
硬铸铁	15.24	0.1016～0.254	0.0508～0.1524	0.0508～0.1778
低碳钢	27.43	0.1016～0.254	0.0508～0.1778	0.0508～0.1778
高合金钢	12.19	0.1016～0.254	0.0508～0.1778	0.0508～0.1778
工具钢	15.24	0.1016～0.2032	0.0508～0.1524	0.0508～0.1524
不锈钢	18.29	0.1016～0.2032	0.0508～0.1524	0.0508～0.1524
钛	15.24	0.1016～0.2032	0.0508～0.1524	0.0508～0.1524
高锰钢	9.14	0.1016～0.2032	0.0508～0.1524	0.0508～0.1524

切削深度 a_p(mm)主要由机床、刀具和零件的刚度来决定。在刚度允许的情况下，尽

可能使 a_p 等于零件的加工余量，以减少走刀次数，提高加工效率。有时为了保证加工精度和表面粗糙度，可留一定余量，最后精加工一刀。加工中心机床的精加工余量可比普通机床的精加工余量小一些。

7.3 加工中心加工工艺文件的编制

加工中心工艺文件比普通机床加工工艺文件要复杂、详细，它主要包括加工中心加工工序卡、加工中心加工程序说明卡和刀具使用卡。

(1) 加工中心加工工序卡。加工中心加工工序卡是编制加工程序的工艺依据。工序卡应按已确定的工步顺序填写。工序卡的内容包括工步与走刀的序号，加工部位与尺寸，刀具的编号、形式、规格及刃长，主轴转速，进给速度，切削深度及宽度等。工序卡中应给出加工用的机床型号、数控系统型号、零件草图和装夹示意图。对于一些复杂零件，有时还应给出加工部位示意图。

(2) 加工中心加工程序说明卡。实践证明，仅有加工程序和工序卡，机床操作者还很难正确完成加工。通常，编程员应编制加工中心加工程序说明卡，以便使操作者对加工要求和细节一目了然。说明卡应包括以下主要内容：

① 编程坐标系的设定和对刀点的选定。

② 加工顺序和加工操作类型，如粗加工、精加工、残留量加工、清角加工、挖槽加工等。

③ 刀具的补偿方式(左、右补偿和长度补偿)、刀号与刀具半径以及半径与长度补偿号。

④ 起刀点、退刀点、换刀点的坐标位置及进退刀方式。

⑤ 对称加工使用的对称轴。

⑥ 有子程序调用时，说明子程序的功能和参数。

(3) 刀具使用卡。刀具使用卡是说明完成一个零件加工所需要的全部刀具，主要包括刀具名称、规格、数量、用途、刀具材料和特殊说明等内容。

附录A　数控大赛省赛数控车床样题分析

一、学生组试题

【试题分析】

（1）这套试题是三个工件的组合件，首先必须审题。要分清毛坯与零件的对应关系，如果毛坯搞错了，后面就不好做了。本题的毛坯2是用来加工工件2和工件3的，毛坯1是用来加工工件1的。

（2）要搞清加工顺序。工件1的右端外形要和工件3组合后再加工，这样才能解决装夹问题，也能保证两个零件外形一致。

（3）用毛坯2加工工件2和工件3时，要注意工艺安排，以解决装夹问题。

（4）加工中可以用相配合的工件去配作，这样配合会好一些。

（5）题图见图A-1～图A-3，评分标准略去。

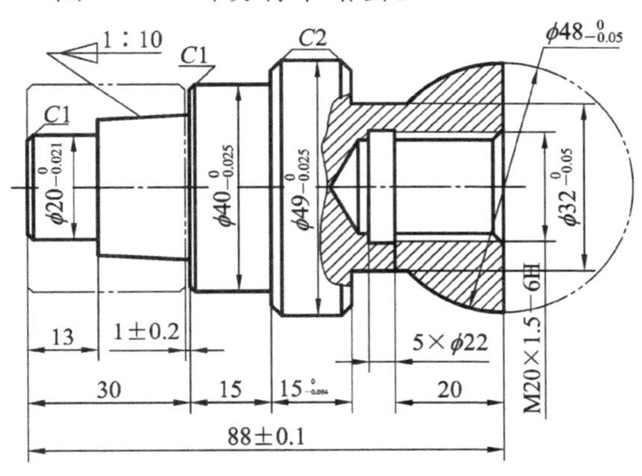

图A-1　工件1

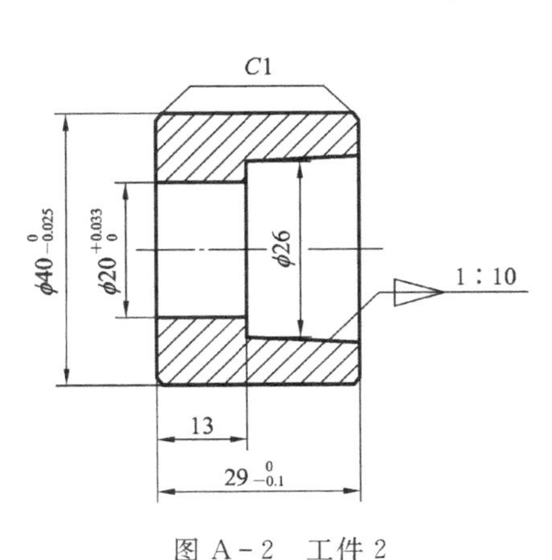

图A-2　工件2

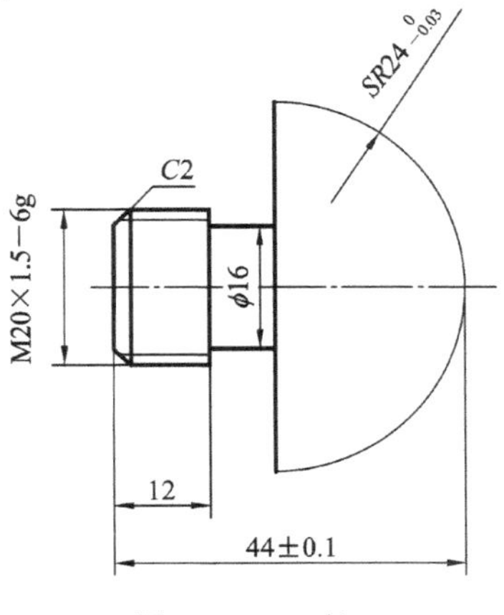

图A-3　工件3

【毛坯】 45号钢 ϕ50 mm×90 mm(毛坯1)和 ϕ50 mm×79 mm(毛坯2)各一件。

【工艺分析】

(1) 以毛坯2外圆表面作为装夹表面，手动车削毛坯2端面并进行对刀。

(2) 加工件2的 ϕ40 mm外圆(长度约为40 mm)，同时完成工件2左端轮廓的外圆倒角和孔口倒角。

(3) 调头以已加工的 ϕ40 mm外圆作为装夹面，加工工件3左端的外螺纹。

(4) 不拆除工件，切断刀切下工件3。

(5) 不拆除工件，加工工件2端面并保证总长，同时加工内孔，保证各项精度要求。

(6) 以毛坯1外圆表面作为装夹面，手动车削毛坯1端面并进行对刀。

(7) 加工工件1的右端内螺纹。

(8) 工件1和工件3采用螺纹旋合，加工工件3端面并保证总长。

(9) 组合加工圆弧外轮廓及 ϕ49 mm外轮廓。

(10) 拆下工件3，调头装夹，加工出中心孔，采用一夹一顶的装夹方法，加工工件1的左端外轮廓。

注意: 加工工件1左端外轮廓时与工件2进行试配，不拆除工件1进行修整，保证各项配合精度。

(11) 拆除零件，去毛倒棱。

【刀具选择】

T0101：93°外圆车刀。

T0202：外切槽刀。

T0303：外螺纹车刀。

T0404：内孔镗刀。

T0505：内切槽刀。

T0606：内螺纹车刀。

T0707：35°仿形车刀。

T0808：端面槽刀。

T0909：端面圆弧车刀。

【参考程序】

参考加工程序如下(FANUC系统程序)：

```
O0001;
N10 G54 G99 G97 G00 X100 Z100;
N20 T0101 M03 S600;
N30 G00 X52 Z1;
N40 G71 U1 R0.5;
N50 G71 P60 Q90 U0.5 F0.2;
N60 G00 X36;
N70 G01 X40 Z-1 F0.1;
N80 Z-40;
N90 X51;
N100 G70 P60 Q90 S800;
```

```
N110 G0 X100 Z100；
N120 M05；
N130 M30；

O0002；
N10 G54 G99 G97 G00 X100 Z100；
N20 T0101 M03 S600；
N30 G00 X52 Z1；
N40 G71 U1 R0.5；
N50 G71 P60 Q U0.5 F0.2；
N60 G00 X14；
N70 G01 X20 Z-2 F0.1；
N80 Z-20；
N90 X51；
N100 G70 P60 Q90 S800；
N110 G00 X100 Z100；
N120 T0202 M03 S300；
N130 G00 X21 Z-20
N140 G01 X16 F0.1；
N150 G00 X21；
N160 Z-16；
N170 G01 X16 F0.1；
N180 G00 X100；
N190 Z100；
N200 T0303 M03 S500；
N210 G00 X21 Z-16；
N220 G92 X19.5 Z5 F1.5；
N230 X19；
N240 X18.6'
N250 X18.3；
N260 X18.1；
N270 X18.04；
N280 G00 X100 Z100；
N290 M05；
N300 M30；
O0003；
N10 G54 G99 G97 G00 X100 Z100；
N20 T0404 M03 S500；
N30 G00 X18 Z1；
N40 G71 U1 R0.5；
N50 G71 P60 Q110 U-0.5 F0.2；
N60 G00 X27.6；
N70 G01 Z0 F0.1；
```

```
N80 X26 Z-16;
N90 X20;
N100 Z-30;
N110 X19;
N120 G70 P60 Q110 S700;
N130 G00 Z100;
N140 M05;
N150 M30;

O0004;
N10 G54 G99 G97 G00 X100 Z100;
N20 T0404 M03 S500;
N30 G00 X24.5 Z1;
N40 G01 X18.5 Z-2 F0.1;
N50 Z-25
N60 X17.5;
N70 G00 Z100;
N80 T0505 M03 S300;
N90 G00 X18 Z10;
N100 Z-25;
N110 G01 X22 F0.1;
N120 G00 X18;
N130 Z-23;
N140 G01 X22 F0.1;
N150 G00 X18;
N160 Z100;
N170 T0606 M03 S600;
N180 G0 X18 Z10;
N190 Z-23;
N200 G92 X19 Z5 F1.5;
N210 X19.4;
N220 X19.7;
N230 X20;
N240 X20.2;
N250 X20.3;
N260 X20.36;
N270 G00 Z100;
N280 M05;
N290 M30;

O0005;
N10 G54 G99 G97 G00 X100 Z100;
N20 T0707 M03 S500;
```

```
N30 G00 X52 Z1;
N40 G73 U9 R9;
N50 G73 P60 Q130 U1 F0.2;
N60 G00 X0'
N70 G01 Z0 F0.1;
N80 G03 X32 Z-41.889 R24;
N90 G01 Z-52;
N100 X45;
N110 X49 Z-54;
N120 Z-68;
N130 X51;
N140 G70 P60 Q130 S800;
N150 G00 X100 Z100;
N160 M05;
N170 M30;

O0006;
N10 G54 G99 G97 G00 X100 Z100;
N20 T0101 M03 S500;
N30 G00 X52 Z1; w
N40 G71 U1 R0.5;
N50 G71 P60 Q150 U0.5 F0.2;
N60 G00 X16;
N70 G01 X20 Z-1 F0.1;
N80 Z-13;
N90 X26
N100 X27.7 Z-30;
N110 X38;
N120 X40 Z-31;
N130 Z-45;
N140 X45;
N150 X51 Z-48;
N160 G70 P60 Q150 S800;
N170 G00 X100 Z100;
N180 M05;
N190 M30;
```

二、教职组试题

【试题分析】

(1) 这套试题是三个工件的组合件，首先必须审题。要分清毛坯与工件的对应关系，毛坯搞错了，后面就不好做了。本题的毛坯 2 是用来加工工件 2 的，毛坯 1 是用来加工工件 1 和工件 3 的。

（2）要搞清加工顺序。工件 2 的右端外形要和工件 1、3 组合后再加工，这样才能解决装夹问题，也能保证工件外形一致。

（3）要注意工艺顺序，以解决装夹问题。

（4）加工中可以用相配合的工件去配作，这样配合会好一些。

（5）题图见图 A－4～图 A－7，评分标准略去。

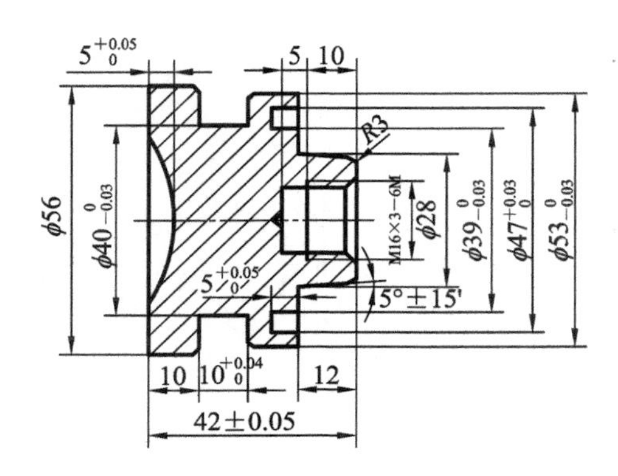

图 A－4　零件 1

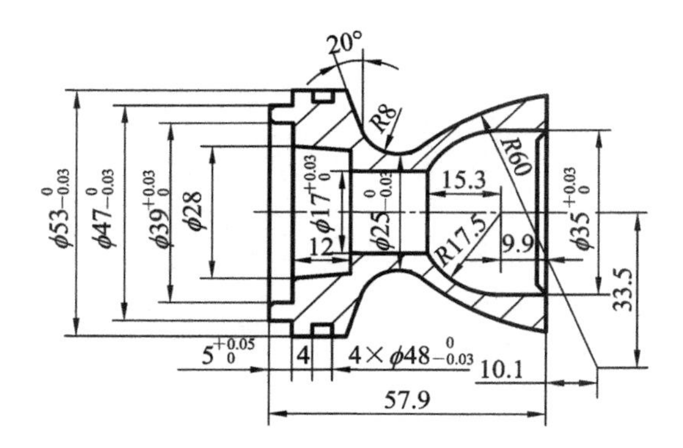

图 A－5　零件 2

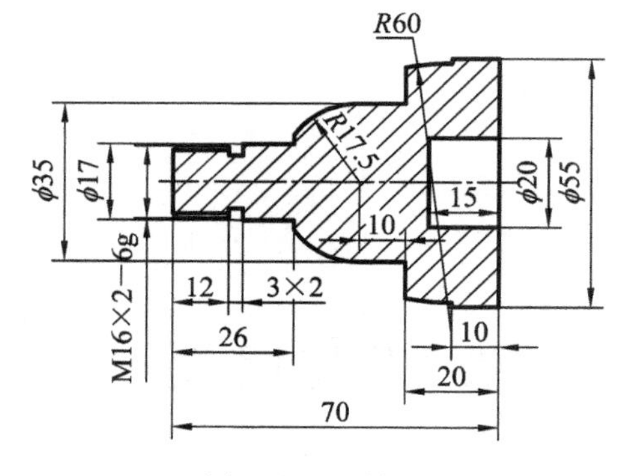

图 A－6　零件 3

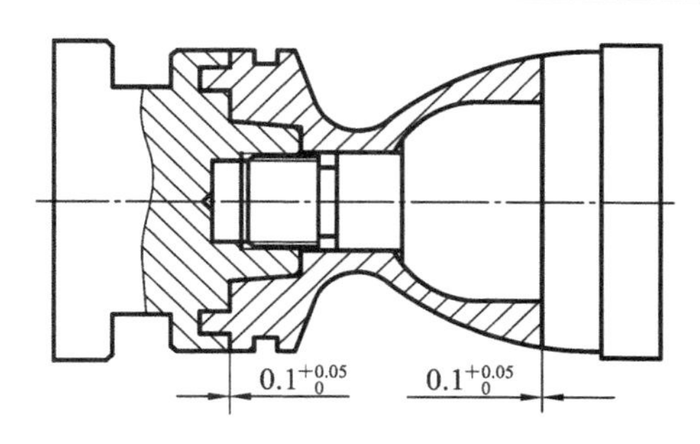

图 A-7　组合件

【毛坯】　45 号钢 ϕ62 mm×132 mm(毛坯 1)和 ϕ62 mm×62 mm(毛坯 2)各一件。

【工艺分析】

(1) 先加工工件 2 右侧内、外轮廓。内轮廓除加工出圆弧轮廓外，还要加工出 ϕ17 通孔，用于调头装夹后找正，外轮廓只加工出用于调头装夹的外圆柱装夹表面，外凹部分待组合后再加工。

(2) 调头装夹工件 2，以前一工步加工出的 ϕ17 通孔为校正面，加工工件 2 左端内、外轮廓，保证 ϕ53 外圆、外圆槽、内孔和内锥孔、内孔的各项加工精度。

(3) 加工工件 1 右侧内、外轮廓，保证端面槽、外圆锥、内孔的各项精度要求，用工件 2 左侧轮廓与之试配，保证配合精度要求；工件 1 左端后面再加工。

(4) 切断，保证工件 1 总长有余量。

(5) 加工工件 3 右侧内、外轮廓，保证 ϕ55 外圆尺寸和 ϕ20 内孔尺寸的精度要求。

(6) 调头以一夹一顶的方式装夹，加工工件 3 左侧外轮廓，保证外圆轮廓及外螺纹的各项精度要求。

(7) 不拆除工件 3，同时安装上工件 1 和工件 2，采用一夹一顶的方式装夹，加工出工件 2 的外表面凹轮廓，保证圆弧光滑过渡，同时加工出工件 1 的外圆及外圆槽。

(8) 拆下工件，以工件 1 的 ϕ56 外圆作为装夹表面，加工工件 1 左侧内凹圆弧面，保证其深度及圆弧度要求。

(9) 拆下工件，去毛倒棱。

【刀具选择】

T0101：93°外圆车刀。

T0202：外切槽刀。

T0303：外螺纹车刀。

T0404：内孔镗刀。

T0505：内切槽刀。

T0606：内螺纹车刀。

T0707：35°仿形车刀。

T0808：端面槽刀。

T0909：端面圆弧车刀。

【参考程序】

参考加工程序如下：

```
O0001;
N10 G54 G99 G97 G00 X100 Z100;
N20 T0101 M03 S600;
N30 G00 X63 Z1;
N40 G71 U1 R0.5;
N50 G71 P60 Q90 U0.5 F0.2;
N60 G00 X50;
N70 G01 X53 Z-0.5 F0.1;
N80 Z-35;
N90 X62;
N100 G70 P60 Q90 S800;
N110 G00 X100 Z100;
N120 T0404 M03 S600;
N130 G00 X16 Z1;
N140 G71 U1 R0.5;
N150 G71 P160 Q210 U-0.5 F0.2;
N160 G00 X39;
N170 G01 X35 Z-1 F0.1;
N180 Z-9.9;
N190 G03 X17 Z-25.2 R17.5;
N200 G01 Z-42;
N210 X16;
N220 G70 P160 Q210 S800;
N230 G00 Z100;
N240 M05;
N250 M30;
```

```
O0002;
N10 G54 G99 G97 G00 X100 Z100;
N20 T0101 M03 S600;
N30 G00 X63 Z1;
N40 G71 U1 R0.5;
N50 G71 P60 Q110 U0.5 F0.2;
N60 G00 X43;
N70 G01 X47 Z-1 F0.1;
N80 Z-5;
N90 X53;
N100 Z-21;
N110 X55;
N120 G70 P60 Q110 S800;
N130 G00 X100 Z100;
N140 T0202 M03 S300;
N150 G00 X54 Z-13;
```

```
N160 G01 X48 F0.1;
N170 G04 X1;
N180 G00 X100;
N190 Z100;
N200 T0404 M03 S600;
N210 G00 X16 Z1;
N220 G71 U1 R0.5;
N230 G71 P240 Q310 U0.5 F0.2;
N240 G00 X41;
N250 G01 Z0 F0.1;
N260 G02 X39 Z-1 R1;
N270 G01 Z-5;
N280 X29.833;
N290 G02 X27.840 Z-5.996 R1;
N300 G01 X25.9 Z-17;
N310 X16;
N320 G70 P240 Q310 S800;
N330 G00 Z100;
N340 M05
N350 M30;

O0003;
N10 G54 G99 G97 G00 X100 Z100;
N20 T0101 M03 S500;
N30 G00 X63 Z1;
N40 G71 U1 R0.5;
N50 G71 P60 Q120 U0.5 F0.2;
N60 G00 X22.235;
N70 G01 Z0 F0.1;
N80 G03 X26.220 Z- 1.992 R2;
N90 G01 X28 Z-12;
N100 X53;
N110 Z-22;
N120 X61;
N130 G70 P60 Q120 S800;
N140 G00 X100 Z100;
N150 T0404 M03 S800;
N160 G00 X20 Z1;
N170 G01 X14 Z-2 F0.1;
N180 Z-15;
N190 X13;
N200 G00 Z100;
N210 M05;
```

```
N220 T0606 M04 S600;
N230 G00 X14 Z5;
N240 G92 X14.5 Z-11 F2;
N250 X14.9;
N260 X15.3;
N270 X15.6;
N280 X15.9;
N290 X16.1;
N300 X16.2;
N310 X16.3;
N320 G00 Z100;
N330 T0808 M03 S300;
N340 G00 X47 Z-11;
N350 G01 Z-17 F0.1;
N360 G04 X1;
N370 G00 Z100;
N380 M05;
N390 M30;

O0004;
N10 G54 G99 G97 G00 X100 Z100;
N20 T0101 M03 S600;
N30 G00 X63 Z1;
N40 G71 U1 R0.5;
N50 G71 P60 Q80 U0.5 F0.1;
N60 G00 X55;
N70 G01 Z-21 F0.1;
N80 X61;
N90 G70 P60 Q80 S800;
N100 G00 X100 Z100;
N110 T0404 M03 S600;
N120 G00 X20 Z1;
N130 G01 Z-15 F0.1;
N140 X19;
N150 G00 Z100;
N160 M05;
N170 M30;

O0005;
N10 G54 G99 G97 G00 X100 Z100;
N20 T0101 M03 S600;
N30 X63 Z1;
N40 G71 U1 R0.5;
```

```
N50 G71 P60 Q140 U0.5 F0.2;
N60 G00 X11.8;
N70 G01 X15.8 Z- 1 F0.1;
N80 Z-15;
N90 X17;
N100 Z-26;
N110 X21;
N120 G03 X35 W- 14 R17.5;
N130 G01 Z-50;
N140 X61;
N150 G70 P60 Q140 S800;
N160 G00 X100 Z100;
N170 T0202 M03 S300;
N180 X18 Z-15;
N190 G01 X12 F0.1;
N200 G04 X1;
N210 G00 X100;
N220 Z100;
N230 T0303 M03 S600;
N240 G00 X17 Z-13.5;
N250 G92 X15.3 Z5 F2;
N260 X14.9;
N270 X14.5;
N280 X14.2;
N290 X14.1;
N300 X14;
N310 X13.9;
N320 G00 X100 Z100;
N330 M05;
N340 M30;

O0006;
N10 G54 G99 G97 G00 X100 Z100;
N20 T0707 M03 S500;
N30 X68 Z-10;
N40 G73 U14 R14;
N50 G73 P60 Q100 U0.5 F0.2;
N60 G00 X56;
N70 G01 X53 F0.1;
N80 G03 X28.294 Z-46.466 R60;
N90 G02 X35.528 Z-58.845 R8;
N100 G01 X63.99 Z-64.025;
N110 G70 P60 Q100 S800;
```

```
N120 G00 X100 Z100;
N130 T0303 M03 S300;
N140 X57 Z-93.1;
N150 G01 X53 F0.1;
N160 G00 X58;
N170 W-2;
N180 G01 X54 W2 F0.1;
N190 X40.1;
N200 G00 X55;
N210 W4;
N220 G01 X40.1 F0.1;
N230 G00 X55;
N240 W4;
N250 G01 X51 W-2 F0.1;
N260 X40;
N270 Z-93.1;
N280 G04 X1;
N290 G00 X100;
N300 Z100;
N310 M05;
N320 M30;

O0007;
N10 G54 G99 G97 G00 X100 Z100;
N20 T0909 M03 S600;
N30 X36.056 Z5;
N40 M98 P50008;
N50 G00 Z150;
N60 M05;
N70 M30;

O0008;
N10 G01 W-1 F0.1;
N20 G03 X0 W-5 R35;
N30 G00 W- 5;
N40 G00 X36.056;
N50 M99;
```

附录B 第四届全国数控大赛数控车床样题分析

【试题分析】

这套试题由机座、轮架、传动轴、转轮一、转轮二这五个零件的加工组成。在最后加工完需要组装，所以在加工过程中就要边加工边检验配合部位的尺寸。这就要求在加工之前考虑零件的加工顺序，否则会给加工带来不必要的麻烦。

在这五个零件中，转轮一和转轮二需要和机座、轮架配合，而且转轮比较小。在检验配合面时，用小零件去检验大零件的配合部位尺寸比较方便，所以先加工转轮一和转轮二，再加工轮架和机座，最后加工传动轴。

1. 转轮一的加工

零件图如图B-1所示，毛坯图如图B-2所示。

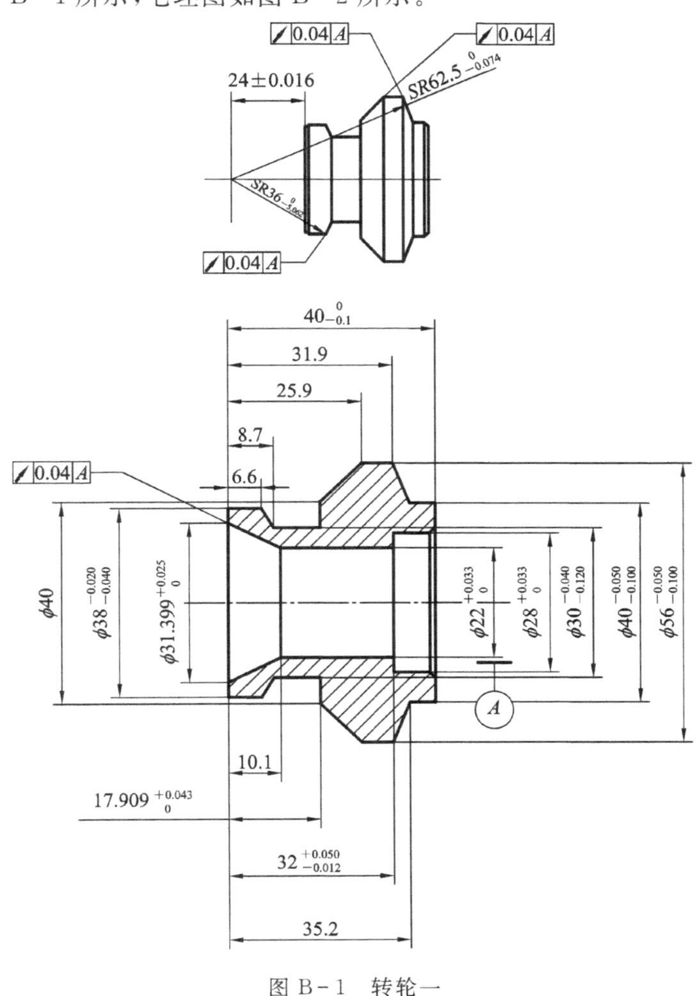

图B-1 转轮一

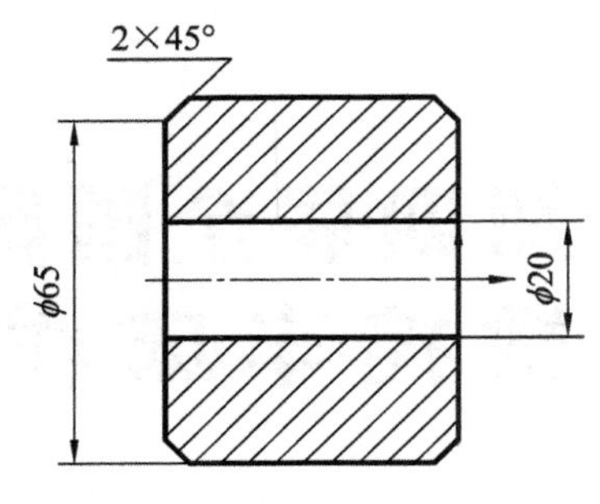

图 B-2　毛坯图一

【工艺分析】

对于转轮一的加工，应先加工左端外圆、外槽、外锥及内孔、内锥，再加工右端的台阶孔、外圆及圆弧面。

【刀具选择】

T0101：外圆车刀。

T0202：内孔镗刀。

T0303：内孔精镗刀。

T0404：外圆精车刀。

T0505：外切槽刀。

【参考程序】

左端加工程序：

```
O0001;
T0101 M03 S800;                    ;车端面
M08;
G00 X67 Z0;
G01 X18 F0.12;
G00 X100 Z100;
T0202 M03 S500;                    ;粗镗内锥孔
G00 X20 Z2
G71 U1.5 R0.5;
G71 P1 Q2 U-0.5 W0 F0.25
N1 G00 X33.264
G01 X22 Z-10.1 F0.1;
Z-34;
N2 X20
G00 Z50;
T0303 M03 S800;                    ;加刀具半径补偿精镗内锥孔
G41 G00 X40 Z10;
G00 X33.264 Z2;
G01 X22 Z-10.1 F0.1;
Z-34;
X20;
G40 G00 Z2;
```

```
G00 Z50;
T0101 M03 S500;                    ;粗车外圆
G00 X65 Z2
G71 U2 R0.5;
G71 P3 Q4 U0.5 W0 F0.3;
N3 G00 X38;
G01 Z-17.909 F0.1;
X40;
X58 Z-26.899;
N4 X65;
G00 X100 Z100;
T0404 M03 S800;                    ;加刀具半径补偿精车外圆
G00 X30 Z50;
G42 X33 Z2
G01 X38 Z-0.5 F0.1;
Z-17.909;
X40;
X58 Z-26.899;
X65;
G00 G40 W5;
X100 Z100;
T0505 M03 S350;                    ;切外槽
G00 X40 Z-13;
G01 X30.1 F0.1;
G00 X40;
Z-10.9;
G01 X38 F0.3;
G03 X30.1 Z-13 R36;
G00 X40;
Z-16;
G01 X30.1 F0.1;
G00 X40;
Z-17. 909;
G01 X30 F0.1;
Z-13;
G00 X50;
Z-2;
G42 X43.634 Z-9.933;               ;用4号刀位加刀具半径补偿加工R36圆弧曲面
G03 X30 Z-12.7 R36 F0.1;           ;由圆弧延长线加工R36圆弧
G01 Z-13.5;
G00 X50;
G40 W5;
X100 Z100;
```

```
M09;
M05;
M30;
```

右端加工程序：

```
T0101 M03 S800;
M08;
G00 X67 Z0;
G01 X18 F0.12;
G00 X100 Z100;
T0202 M03 S500;                    ；粗镗内孔
G00 X20 Z2;
G71 U1.5 R0.5;
G71 P1 Q2 U-0.5 W0 F0.25;
N1 G00 X34;
G01 X28 Z-1 F0.1;
Z-8;
X23;
N2 X20 Z-9.5;
G00 Z50;
T0303 M03 S800;                    ；精镗内孔
G00 X20 Z2;
G70 P1 Q2;
G00 Z50;
T0101 M03 S500;
G00 X65 Z2;
G71 U2 R0.5;
G71 P3 Q4 U0.5 W0 F0.3;
N3 G00 X40;
G01 Z-4.8 F0. 12;
G03 X56 Z-8.1 R62.5;
N4 G01 X65;
G00 X100 Z150;
T0404 M03 S1000;                   ；加刀具半径补偿精车外圆
G42 G00 X35 Z2;
G01 X40 Z-0.5 F0.1;
Z-4.8;
G03 X58 Z-8.635 R62.5;
G00 X60;
G40 Z0;
G00 X100 Z150;
M05;
M09;
M30;
```

2. 转轮二的加工

零件图如图 B－3 所示，毛坯图如图 B－4 所示。

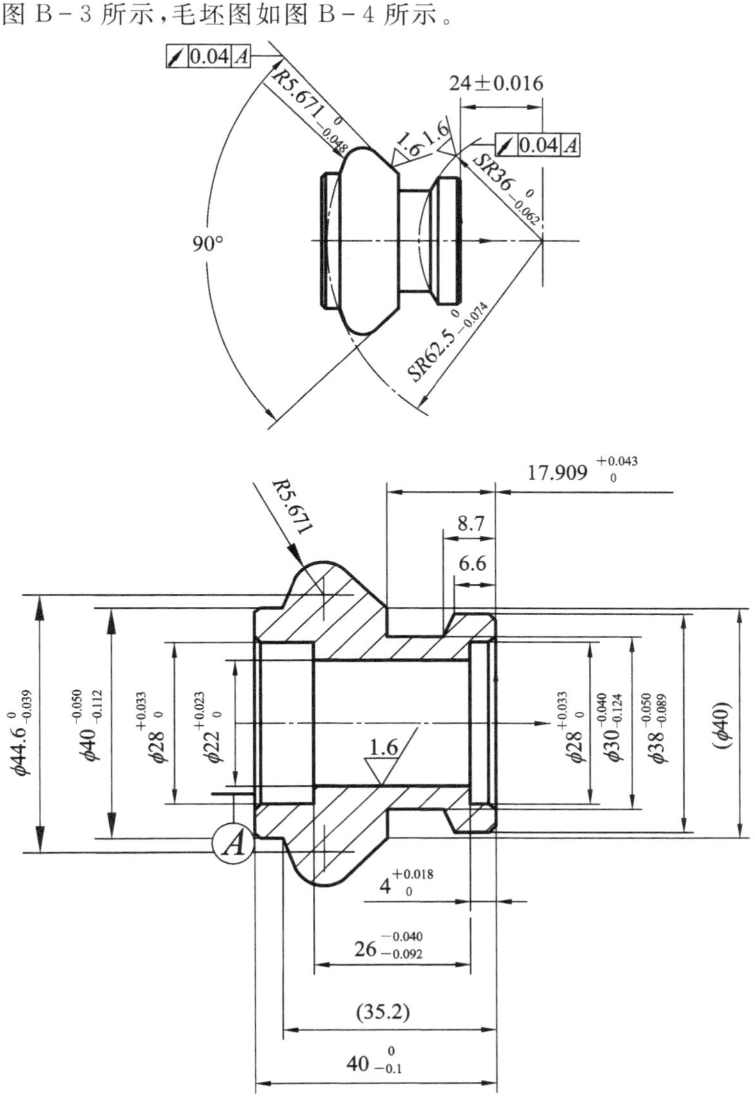

图 B－3　零件图二

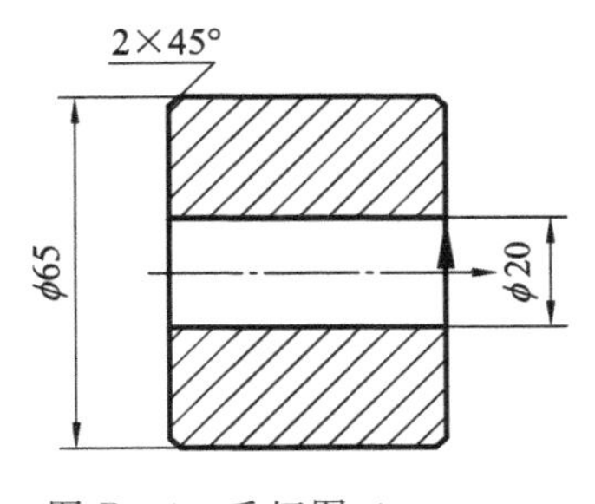

图 B－4　毛坯图二

【工艺分析】

转轮二的加工应先加工右端，再掉头找正加工左端。

【参考程序】

右端加工程序：

```
O0003;
T0101 M03 S800;                ;车端面
M08;
G00 X67 Z0;
G01 X18 F0.12;
G00 X100 Z100;
T0202 M03 S500;                ;粗镗内锥孔
G00 X20 Z2;
G71 U1.5 R0.5;
G71 P1 Q2 U-0.5 W0 F0.25;
N1 G00 X34;
G01 X28 Z-1 F0.1;
Z-4;
X23;
N2 X20 Z-5.5;
G00 Z50;
T0303 M03 S800;
G00 X20 Z2;
G70 P1 Q2;
G00 X100 Z100;
T0101 M03 S500;                ;粗车外圆
G00 X65 Z2;
G71 U2 R0.5;
G71 P3 Q4 U0.5 W0 F0.3;
N3 G00 X38;
G01 Z-17.909 F0.1;
X40;
X58 Z-26.899;
N4 X65;
G00 X100 Z100;
T0404 M03 S800;                ;加刀具半径补偿精车外圆
G00 X30 Z50;
G42 X33 Z2;
G01 X38 Z-0.5 F0.1;
Z-17.909;
X40;
```

```
X58 Z-26.899;
X65;
G00 G40 W5;
X100 Z100;
T0505 M03 S350;                 ;切外槽
G00 X40 Z-13
G01 X30.1 F0.1;
G00 X40;
Z-10.9;
G01 X38 F0.3;
G03 X30.1 Z-13 R36;
G00 X40;
Z-16;
G01 X30.1 F0.1;
G00 X40;
Z-17.909;
G01 X30 F0.1;
Z-13;
G00 X50;
Z-2;
G42 X43.634 Z-9.933;            ;用4号刀位加刀具半径补偿加工R36圆弧曲面
G03 X30 Z-12.7 R36 F0.1;        ;由圆弧延长线加工R36圆弧
G01 Z-13.5;
G00 X50;
G40 W5;
X100 Z100;
M09;
M05;
M30;
```

左端加工程序：

```
T0101 M03 S800;
M08;
G00 X67 Z0;
G01 X18 F0.12;
G00 X100 Z100;
T0202 M03 S500;                 ;粗镗内孔
G00 X20 Z2;
G71 U1.5 R0.5;
G71 P1 Q2 U-0.5 W0 F0.25;
N1 G00 X34;
```

```
G01 X28 Z-1 F0.1;
Z-10;
X22 C1;
Z-38;
N2 X20;
G00 Z50;
T0303 M03 S800;                          ;精镗内孔
G00 X20 Z2;
G70 P1 Q2;
G00 Z50;
T0101 M03 S500;                          ;粗车外圆
G00 X65 Z2;
G71 U2 R0.5;
G71 P3 Q4 U0.5 W0 F0.3;
N3 G00 X40;
G01 Z-4.8 F0.12;
G03 X49.116 Z-6.527 R62.5;
G03 X56 Z-11.742 R5.671;
G01 Z-15;
N4 G01 X65;
G00 X100 Z150;
T0404 M03 S1000;                         ;加刀具半径补偿精车外圆
G42 G00 X30 Z10;
G00 34 Z2;
G01 X40 Z-1 F0.1;
Z-4.8;
G03 X49.116 Z-6.527 R62.5;
G03 X52.678 Z-15.752 R5.671;
G01 U-1 A225;
Z-17;
G00 X60;
G40 W5;
G00 X100 Z100;
M05;
M30;
```

3. 轮架的加工

零件图如图 B－5 所示，毛坯图如图 B－6 所示。

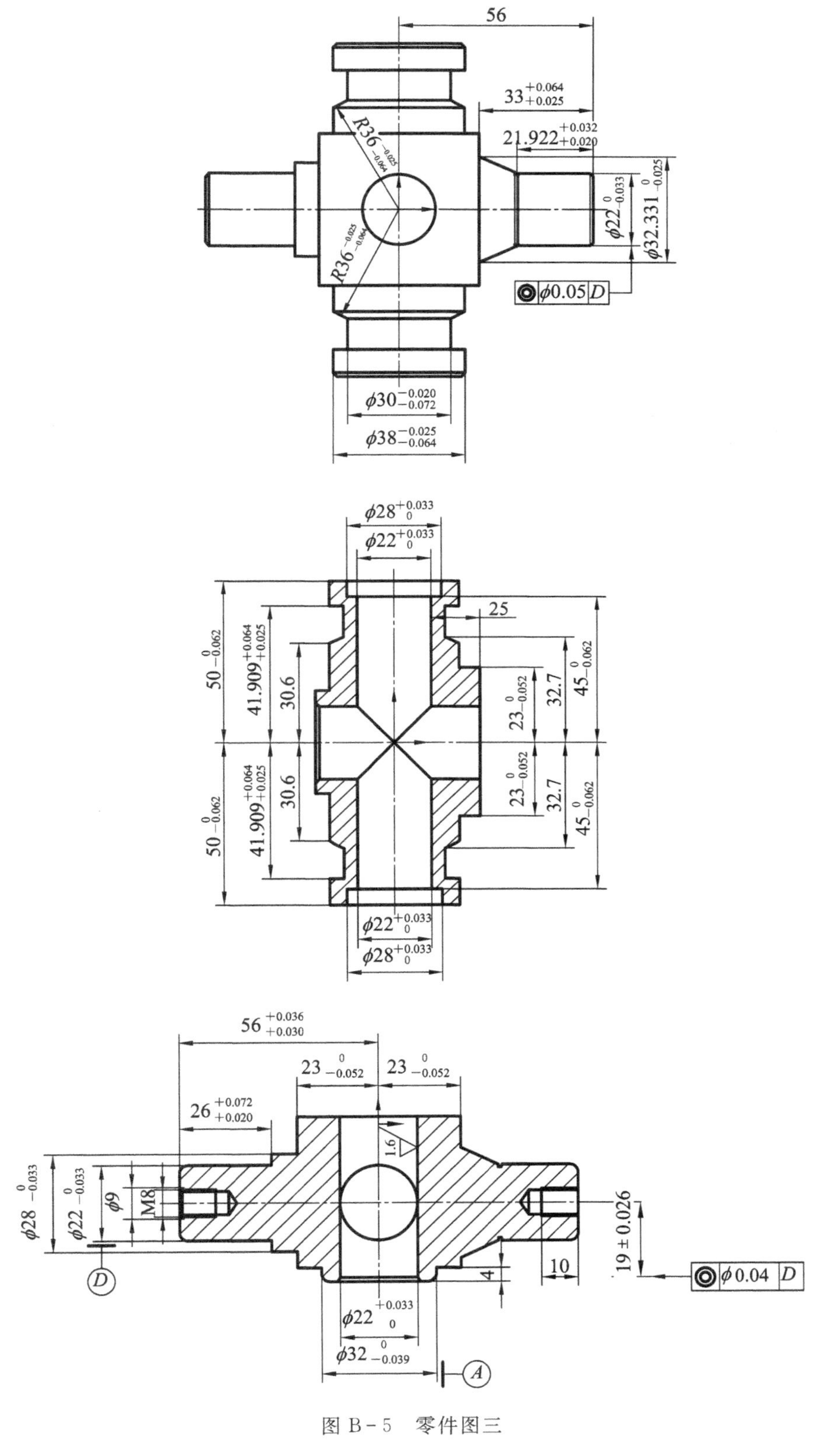

56
$33^{+0.064}_{+0.025}$
$21.922^{+0.032}_{+0.020}$
$R36^{-0.025}_{-0.064}$
$R36^{-0.025}_{-0.064}$
$\phi22^{0}_{-0.033}$
$\phi32.331^{0}_{-0.025}$
$\phi0.05$ D
$\phi30^{-0.020}_{-0.072}$
$\phi38^{-0.025}_{-0.064}$
$\phi28^{+0.033}_{0}$
$\phi22^{+0.033}_{0}$
25
$50^{0}_{-0.062}$
$41.909^{+0.064}_{+0.025}$
30.6
$23^{0}_{-0.052}$
32.7
$45^{0}_{-0.062}$
$56^{+0.036}_{+0.030}$
$23^{0}_{-0.052}$
$26^{+0.072}_{+0.020}$
1.6
$\phi28^{0}_{-0.033}$
$\phi22^{0}_{-0.033}$
$\phi9$
M8
19 ± 0.026
10
4
$\phi0.04$ D
D
$\phi22^{+0.033}_{0}$
$\phi32^{0}_{-0.039}$
A

图 B-5　零件图三

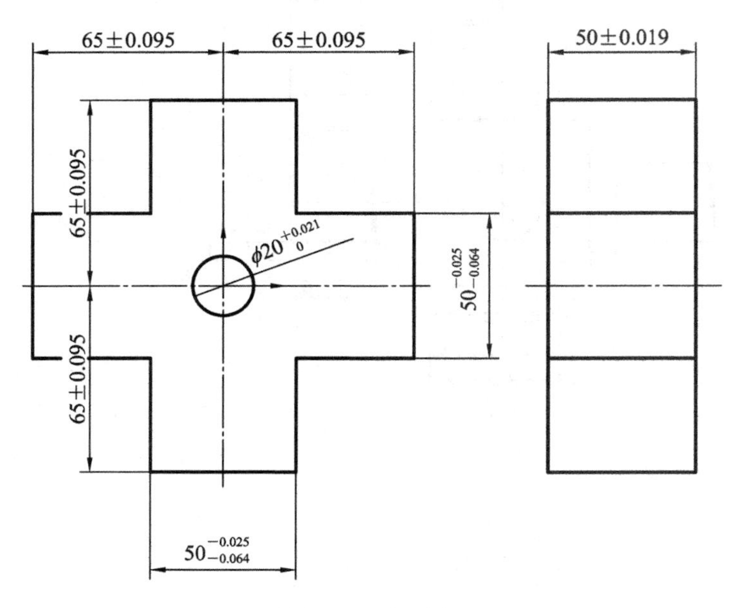

图 B-6 毛坯图三

【工艺分析】

在加工轮架的时候，需要用到专用夹具。首先需要加工端面 $\phi32\times4$ 的外圆及 $\phi20$ 的定位孔，在夹具里需要用到 $\phi38$ 的外圆作为定位基准，所以先加工上端和下端，最后加工左右两端。

【参考程序】

端面加工程序：

```
T0101 M03 S500;
M08;
G50 S800;
G96 S80;
G00 X72 Z1;                        ;毛坯长 2 mm，需要切除
G01 X30 F0.15;
Z2;
G00 X72;
Z0;
G01 X30 F0.15;
Z1;
G00 X72;
Z-1;
G01 X32.5 F0.15;
Z0;
G00 X72;
Z-2;
G01 X32.5 F0.15;
```

```
Z-1;
G00 X72;
Z-3;
G01 X32.5 F0.15;
Z-2;
G00 X72;
Z-3.9;
G01 X32.5 F0.15;
Z-3;
G00 X34;
Z1;
X30;
G01 Z0 F0.3;
X32 Z-1 F0.1;
Z-4;
X72;
G00 X150 Z150;
M05;
M09;
M30;
```

孔加工程序：

```
T0202 M03 S500;
M08;
G00 X18 Z4;
Z1;
G01 X32 F0.1;
G00 Z2;
X18;
Z0;
G01 X32 F0.1;
G00 Z1;
X21. 5;
G01 Z-50 F0.2;
G00 X21;
Z1;
X26;
G01 X22 Z-1 F0.1;
Z-50;
G00 X20;
G00 Z100;
M05;
M09;
M30;
```

上端加工程序：

```
T0101 M03 S800;
M08;
G00 X82 Z8;
G01 X-1 F0.15;
G00 X82 Z9;
Z6;
G01 X-1 F0.15;
G00 X82 Z7;
Z4;
G01 X-1 F0.15;
G00 X82 Z5;
Z2;
G01 X-1 F0.15;
G00 X82 Z3;
Z0;
G01 X-1 F0.15;
G00 X147 Z1;
Z-27;
G01 X82 F0.15;
Z-26;
G00 X84;
X150 Z150;
M05;
T0202 M04 S350;                ;钻 20 孔
G00 X0 Z2;
G74 R0.5;
G74 Z-50 Q5000 F0.1;
G00 Z50;
M05;
T0303 M03 S500;                ;粗镗内孔
G00 X20 Z2;
G71 U1.5 R0.5;
G71 P3 Q4 U-0.5 W0.1 F0.25;
N3 G00 X34;
G01 X28 Z-1 F0.1;
Z-5;
X22 C1;
Z-46;
N4 X20;
G00 Z100;
T0404 M03 S800;                ;精镗内孔
G00 X20 Z2;
```

```
G70 P3 Q4;
G00 Z100;
T0101 M03 S500                    ;粗车外圆
G00 X82 Z2;
G71 U2 R0.5;
G71 P5 Q6 U0.5 W0 F0.3;
N1 G00 X32;
G01 X38 Z-1 F0.1;
Z-27;
N6 X82;
G00 X150 Z150;
T0505 M03 S800;                   ;精车外圆
G00 X82 Z2
G70 P5 Q6;
G00 X150 Z150;
T0606 M03 S350;                   ;切槽
G00 X40 Z-12.5;
G01 X30.1 F0.08;
G00 X40;
Z-16;
G01 X30.1 F0.08;
G00 X40;
Z-10.591;
G01 X37 Z-12.091 F0.08;
X30;
Z-16 F0.1;
G00 X44;
Z-25;
G41 X40 Z-22;
G01 X38 Z-19.4 F0.2;
G02 X30 Z-17.274 R36 F0.08;       ;切槽刀按3号刀尖方位加刀具半径补偿切R36曲面
G01 Z-15 F0.1;
G00 X40;
G40 X100 Z100;
M09;
M05;
M30;
```

因下端与上端一致，所以下端程序同上。

右端加工程序：

```
T0101 M03 S500;
M08;
G00 X72 Z10;
```

```
G94 X-1 Z8 F0.15;
Z6.5;
Z5;
Z3.5;
Z2;
Z0.5;
Z0;
G00 Z1;
X147;
Z-32;
G01 X71 F0.15;
Z-31;
G00 X147;
Z-33;
G01 X71 F0.15;
Z-32;
G00 X74;
Z1;
G00 X72 Z1;
G71 U2 R0.5;                    ;粗车外圆
G71 P1 Q2 U0.5 W0 F0.3;
N1 G00 X18;
G01 X22 Z-1 F0.1;
Z-21.922;
X32.331 Z-33
N2 X72;
G00 X150 Z150;
T0202 M03 S800;
G00 G42 X15 Z10;
X18 Z1;
G01 X22 Z-1 F0.1;
Z-21.922;
X32.331 Z-33;
X72;
G40 G00 W5;
X150 Z150;
T0303 M03 S300;                 ;切槽
G00 X24 Z-22. 422;
G01 X21 F0.05;
G04 X0.5;
G00 X40;
X150 Z150;
M05;
```

```
T0404 M04 S1200;                    ;钻中心孔
G00 X0 Z2;
G74 R0.5;
G74 Z-4 Q500 F0.05;
G00 Z150;
T0505 M04 S800;                     ;钻螺纹底孔
G00 X0 Z2;
G74 R0.5;
G74 Z-15 Q2000 F0.05;
G00 Z100;
M05;
M09;
M30;
```

左端加工程序:

```
T0101 M03 S500;
M08;
G00 X72 Z10;
G94 X-1 Z8 F0.15;
Z6.5;
Z5;
Z3.5;
Z2;
Z0.5;
Z0;
G00 Z1;
X147;
Z-32;
G01 X71 F0.15;
Z-31;
G00 X147;
Z-33;
G01 X71 F0.15;
Z-32;
G00 X74;
Z1;
G00 X72 Z1;
G71 U2 R0.5;
G71 P1 Q2 U0.5 W0 F0.3;
N1 G00 X18;
G01 X22 Z-1 F0.1;
Z-26;
X28 C1;
Z-33;
```

```
N2 X72;
G00 X150 Z150;
T0202 M03 S800;
G00 X72 Z1;
G70 P1 Q2;
G00 X150 Z150;
T0303 M03 S300;
G00 X24 Z-22.422;
G01 X21 F0.05;
G04 X0.5;
G00 X40;
X150 Z150;
M05;
T0404 M04 S1200;                    ;钻中心孔
G00 X0 Z2;
G74 R0.5;
G74 Z-4 Q500 F0.05;
G00 Z150;
T0505 M04 S800;                     ;钻螺纹底孔
G00 X0 Z2;
G74 R0.5;
G74 Z-15 Q2000 F0.05;
G00 Z100;
M05;
M09;
M30;
```

4. 底座的加工

零件如图 B-7 所示，毛坯图如图 B-8 所示。

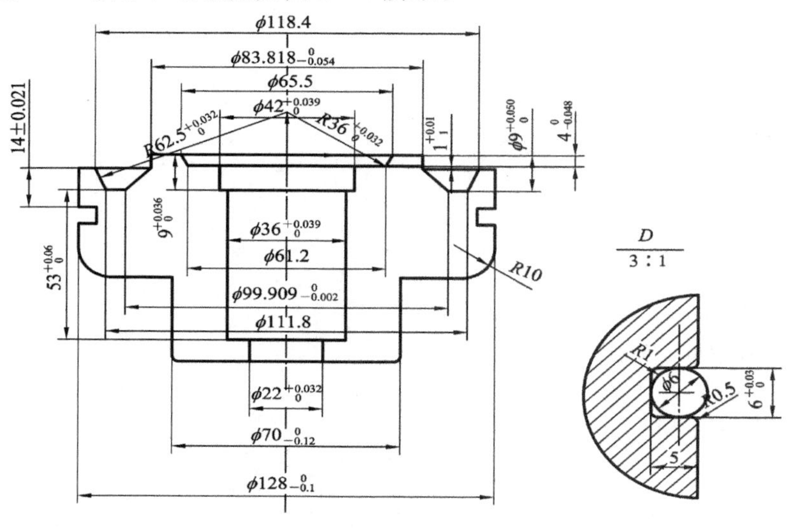

图 B-7　零件四

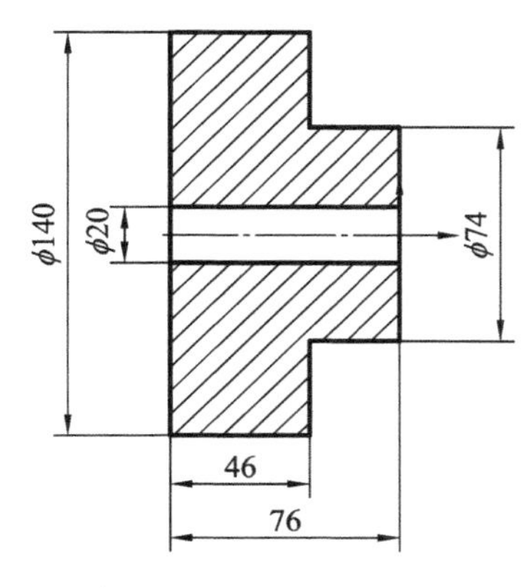

图 B-8 毛坯四

【工艺分析】

机座的加工主要是端面槽的加工。因端面槽与转轮一、转轮二及轮架有配合，所以在加工端面槽时需要加刀具半径补偿。为防止工件表面出现接刀痕，应将接刀的地方放在外槽 6×5 mm 的位置。

【参考程序】

小端加工程序如下：

```
T0101 M03 S500;                    ;粗车外圆
M08;
G50 S1500;
G96 S100;
G00 X76 Z0;
G01 X18 F0.1;
G00 Z1
X142;
Z-30;
G01 X75 F0.1;
G00 Z1;
X70.5;
G01 Z-30 F0.3;
U0.5;
G00 Z-29;
X140;
G71 U2 R0.5;
G71 P1 Q2 U0.5 W0 F0.3;
N1 G00 X108;
G01 Z-30 F0.1;
G03 X128 Z-40 R10;
G01 Z-52;
N2 X140;
G00 X150 Z150;
```

```
T0202 M03 S150;                    ;加刀具半径补偿精车外圆
G00 X50 Z10;
G42 X63 Z3;
G00 X66 Z1;
G01 X70 Z-1 F0.1;
Z-30;
X108;
G03 X128 Z-40 R10;
G01 Z-52;
G00 X135;
G40 W5;
G00 X150 Z150;
M05;
M09;
M30;
```

大端加工程序：

```
T0101 M03 S500 ;                   ;粗车外圆
M08;
G50 S1200;
G96 S100;
G00 X142 Z0;
G01 X18 F0.1;
G00 X141 Z2;
G71 U2 R0.5
G71 P1 Q2 U0.5 W0 F0.3;
N1 G00 X128.5;
G01 Z-25 F0.1;
N2 X141;
G00 X129 Z2;
G94 X84.3 Z-1 F0.15;
Z-2;
Z-3;
Z-4;
Z-4.9;
G00 X150 Z150;
T0202 M03 S150;                    ;精车外圆
G00 X78.818 Z2;
G01 X83.818 Z-0.5 F0.1;
Z-5;
X128 C1;
Z-25;
G00 X150;
Z150;
```

```
G97 T0303 M03 S500;                 ;粗镗内孔
G00 X20 Z2;
G71 U1.5 R0.5;
G71 P3 Q4 U-0.5 W0 F0.2;
N3 G00 X65.5;
G01 Z0 F0.1;
G03 X61.2 Z-4 R36;
G01 X42 C1;
Z-13;
X36 C1;
Z-66;
X23;
N4 X20 Z-67.5;
G00 Z100;
T0404 M03 S600;                     ;加刀具半径补偿精镗内孔
G00 G41 X67 Z2;
G01 X65.5 Z0 F0.1;
G03 X61.2 Z-4 R36;
G01 X42 C1;
Z-13;
X36 C1;
Z-66;
X23;
X20 Z-67.5;
G00 G40 Z2;
Z100;
T0505 M03 S200;                     ;端面切槽刀 5 mm
G00 X110.5;
Z-4;
G01 Z-12.9 F0.05;
G00 Z-4;
X101;
G01 Z-9.6 F0.05;
X110.5 Z-12.9;
G00 Z-4;
X84;
G01 Z-5 F0.1;
X110.5 Z-12.9 F0.05;
G00 Z-4;
X117.1;
G01 Z-5 F0.1;
G03 X110.5 Z-12.9 R62.5 F0.05;
G00 Z2;
```

```
X125;
G41 G00 X120 Z-3 S300;          ;按2号刀尖方位加刀具半径补偿精切端面槽圆弧部分
G01 X118.4 Z-5 F0.1;
G03 X11.8 Z-13 R62.5;
G01 X110.5;
G00 Z10;
M01;
M08;
T0505 M03 S300;                 ;改刀尖方位号为3
G00 G42 X83.818 Z2;             ;按3号刀尖方位加刀具半径补偿精切端面槽
G01 Z-5 F0.1;
X109.909;
X111;
G00 Z2;
G40 W5;
G00 Z150;
T0303 M03 S200;                 ;4 mm切槽刀
G00 X130;
Z-25;
G01 X116.1 F0.08;
G00 X130;
Z-23;
G01 X116 F0.08;
Z-25;
G00 X129;
W-1;
G01 X127 W1 F0.1;
G00 X129;
W3;
G01 X127 W-1 F0.1;
G00 X150;
Z150;
M05;
M09;
M30;
```

5. 传动轴的加工

零件图如图 B-9 所示，毛坯图如图 B-10 所示。

【参考程序】

左端加工程序：

```
T0101 M03 S500;
M08;
```

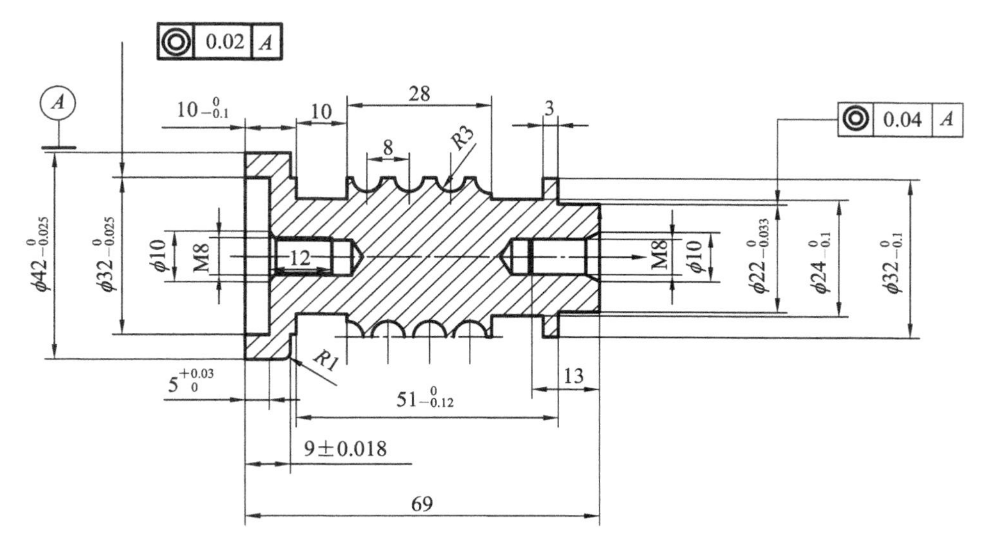

图B-9　零件图五

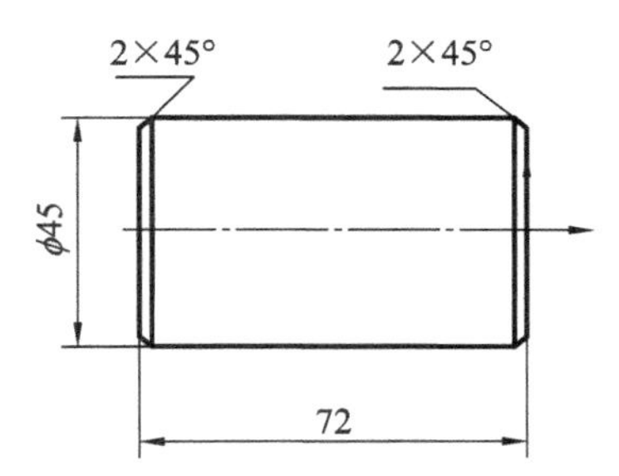

图B-10　毛坯图五

```
G50 S1500;
G96 S100;
G00 X47 Z0;
G01 X-1 F0.15;
G00 Z2;
G97 X42.5 S500;
G01 Z-35 F0.3;
U0.5;
G00 X150 Z150;
T0202 M03 S800;
G00 X38 Z1;
G01 X42 Z-1 F0.1;
Z-35;
U0.5;
G00 X150 Z150;
M05;
T0303 M04 S1200;                    ;钻中心孔
G00 X0 Z2;
```

```
G74 R0.5;
G74 Z-4 Q500 F0.05;
G00 Z100;
T0404 M04 S300;
G00 X0 Z2;
G01 Z-5 F0.1;
G00 Z100;
T0505 M04 S500;                ;钻φ30的平底孔
G00 X0 Z2;
G74 R0.5;
G74 Z-25 Q2000 F0.08;
G00 Z100;
T0606 M03 S500;                ;镗φ32的孔
G00 X31.5 Z2;
G01 Z-5 F0.2;
X28;
G00 Z2;
X37 S700;
G01 X32 Z-0.5 F0.1;
Z-5;
X28;
G00 Z100;
M05;
M09;
M30;
```

右端加工程序：

```
T0101 M03 S800;
M08;
G00 X47 Z0;
G01 X-1 F0.1 ;
G00 X150 Z150;
M05;
T0202 M04 S1200;
G00 X0 Z2;
G74 R0.5;
G74 Z-4 Q500 F0.05;
G00 Z150;
T0303 M04 S500;
G00 X0 Z2;
G74 R0.5;
G74 Z-20 Q500 F0.05;
G00 Z100;
M05;
```

```
M09;
M30;
T0101 M03 S500;                  ;一夹一顶车外圆
M08;
G00 X46 Z1;
G71 U2 R0.5;
G71 P1 Q2 U0.5 W0.1 F0.3;
N1 G00 X18;
G01 X22 Z-1 F0.1;
Z-8;
X32 C1;
Z-59;
G02 X34 Z-60 R1;
G01 X40;
G03 X42 Z-61 R1;
G01 W-1;
N2 X46;
G00 X200 Z2;
T0202 M03 S800;
G00 X46 Z1;
G70 P1 Q2;
G00 X200 Z2;
T0303 M03 S300;
G00 X34 Z-16;
G01 X24.1 F0.08;
G00 X34;
Z-19.5;
G01 X24.1 F0.08;
G00 X34;
Z-21;
G01 X24 F0.08;
Z-19;
G00 X34;
Z-15;
G01 X24 F0.08;
Z-20 F0.1;
G00 X34;
Z-54;
G01 X24.1 F0.08;
G00 X34;
Z-57.5;
G01 X24.1 F0.08;
G00 X34;
```

```
Z-59;
G01 X24 F0.08;
Z-57 F0.1;
G00 X34;
Z-53;
G01 X24 F0.08;
Z-58 F0.1;
G00 X40;
X200 Z2;
T0404 M03 S350;
G00 X34 Z-55;
#1=0.1
WHILE[#1LE6] DO1;
G00 X[32-0.1]
G32 Z-15 F8;
G00 X34;
Z-55;
#1=#1+0.1;
END1;
G00 X200 Z2;
M05;
M09;
M30;
```

参考文献

[1] 徐长寿，朱学超. 数控车床. 北京：化学工业出版社，2005.
[2] 徐长寿，陈祥林. 加工中心. 北京：化学工业出版社，2005.
[3] 沈建峰，虞俊. 数控车工. 北京：机械工业出版社，2006.
[4] 嵇宁. 数控加工编程与操作. 北京：高等教育出版社，2008.
[5] 李泷，祝战科. 数控车床加工实训教程. 北京：国防工业出版社，2009.
[6] 北京 FANUC 公司. FANUC 系统使用说明书. 北京，2002.
[7] 朱明松，王翔. 数控铣床编程与操作项目教程. 北京：机械工业出版社，2007.